스타일리스트 사토 카나의

남자아이, 여자아이에게
입히고 싶은 옷

사토 카나 지음 | 황선영 옮김 | 문수연 감수

이아소

들어가며

만물이 소생하는 봄, 가슴 설레는 여름, 고요한 가을밤, 알싸한 겨울 공기……. 아이들 덕분에 계절의 변화나 특별한 연중행사에 큰 관심을 갖게 됩니다. '특별한 날'은 화려하게, '평범한 날'은 소소하게 나름의 재미와 즐거움을 만끽하며 소중한 추억을 차곡차곡 쌓습니다. 놓치고 싶지 않은 시간에 딱 어울리는 아이 옷을 직접 만들어 보면 더욱 의미가 각별하겠지요. 이 책에는 남자아이와 여자아이가 함께 즐길 수 있는 세련된 스타일이 가득합니다. 일상복으로 멋지게 활용해 보시길 바랍니다.

사토 카나

CONTENTS

A-5
프릴 소매 콩비네종
p.12, 68

A-6
흰색 셔츠
p.14, 58

A-7
깅엄 체크 원피스
p.16, 67

B-5
벨트 고리 달린 하프 팬츠
p.26, 70

C-5
포켓 달린 블라우스
p.36, 81

C-6
프릴 소매 원피스
p.38, 84

C-7
프릴 칼라 원피스
p.40, 85

D-5
살로페트 팬츠
p.50, 92

D-6
벨트 달린 쇼트 팬츠
p.52, 91

앞트임 셔츠

스탠더드한 셔츠는 손품이 조금 들어도 만드는 법을 익히면 천이나 모양을 바꿔 일상복부터 정장까지 다양하게 응용할 수 있다. 완성했을 때 성취감도 크고 직접 만들 수 있는 옷도 훨씬 다양해진다.

1   2   3   4   5   6   7

A-1

민소매 셔츠

잔꽃무늬 리버티 프린트의 고급스러운 민소매 셔츠. 칼라도 소녀풍으로 둥근 칼라를 달았다. 여름 일상복으로 안성맞춤.

how to make --> p.64

A-2

셔츠 원피스

기장을 늘여서 셔츠 원피스로 완성했다.
또렷한 스트라이프가 세련된 인상을 준다.
하나만 입어도 충분히 멋스럽다.

how to make --> p.58

A-3

퍼프소매 셔츠

소매를 부풀려서 퍼프소매로 만들었다. 파
이핑도 포인트 역할을 톡톡히 한다. 천과
파이핑의 조합을 궁리하는 것은 언제나
즐겁다.

how to make --> p.65

A-4

반소매 셔츠

큰직한 체크무늬 셔츠. 면마 소재를 사용
해 너무 붙지 않게 캐주얼한 느낌으로 완
성했다. 통기성이 뛰어나 한여름에도 시원
하게 입을 수 있다.

how to make --> p.66

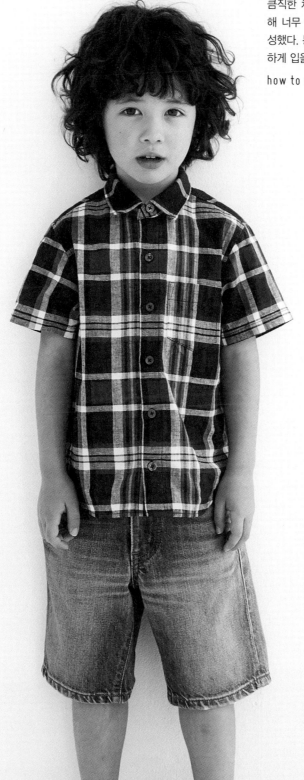

A-5

프릴 소매 콩비네종

패턴 D의 팬츠를 짧게 줄여 결합하면 콩
비네종이 된다. 어깨에는 프릴 소매를 달
아 깜찍하고 발랄하게 마무리했다.

how to make --> p.68

A-6

흰색 셔츠

기본 흰색 셔츠는 남자아이와 여자아이 모두 필수로 갖추는 편리한 아이템. 캐주얼과 정장 어디에나 두루두루 폭넓게 활용한다.

how to make --> p.58

A-7

깅엄 체크 원피스

외국의 스쿨 룩 이미지로 만든 원피스. 스커
트 부분에 개더를 풍성하게 잡아 실루엣도
귀엽게 만들었다.

how to make --> p.67

만든 옷으로 즐기는
스타일 제안!

PATTERN A

앞트임 셔츠는 단추를 풀기도,
채우기도 해서 레이어드로 연출하기에 최적이다.
체온 조절에도 효과가 있어 하나쯤 꼭
있어야 하는 아이템이다.

STYLE 3

STYLE 1

STYLE 2

STYLE 4

FOR BOYS

단정한
스타일로
외출

boyish
style

스웨트
팬츠로
캐주얼하게

STYLE 1
소녀 감성 넘치는 꽃무늬 블라우스를 캐주얼하게 스타일링. 어깨에 걸친 비비드한 파란색 카디건으로 포인트를 더해 밝고 활동적인 이미지를 주었다.

STYLE 2
셔츠 원피스의 단추를 모두 풀어 가운처럼 걸치면 느낌이 색다르다. 팬츠와 레이어드하여 어른스럽게 연출하고 야구 모자로 경쾌하게 마무리했다.

STYLE 3
차분하고 광택감 있는 플리츠스커트로 예의 바른 숙녀 스타일 완성. 가벼운 초대 자리나 모임에도 제격. 카디건을 매치하면 초가을까지 거뜬히 즐길 수 있다.

STYLE 4
색상이 예쁜 다운 베스트와 스웨트 팬츠로 편안한 느낌을 주는 캐주얼 코디. 신발은 베이식한 컬러의 스니커즈로 색상에 균형을 맞추었다.

STYLE
5

folklore
style

STYLE
7

FOR
BOYS

dress up!

STYLE
6

STYLE
8

캐주얼
아이템과
찰떡궁합!

ART

노란색 신발로
발랄하게 연출!

STYLE 5
하이넥 톱을 속에 겹쳐 입는
가을·겨울용 옷차림. 귀여운
새털 자수 숄더백과 프린지 부
츠를 매치하여 포클로어 스타
일로 완성했다.

STYLE 6
시크한 살로페트 스커트에 이
너로 흰색 셔츠를 입어 단정하
게 연출한 외출복 스타일. 고
양이 얼굴 장식의 깜찍한 신발
로 발랄하게 마무리.

STYLE 7
재킷 & 팬츠 세트로, 어른 못지
않게 잘 갖춘 정장 스타일. 졸
업이나 입학, 결혼식 등 특별한
날을 더욱 빛내준다. 헤어스타
일까지 깔끔하게 맞출 것!

STYLE 8
원피스 위에 스웨트를 레이어
드. 소녀풍의 원피스도 보이시
한 아이템과 믹스 매치하니 인
상이 바뀌었다. 니트 풀오버나
카디건에도 OK.

턱 팬츠

투 턱 팬츠는 엉덩이 주위에 알맞게 여유가 있
어 활동성이 뛰어나다. 남자아이뿐 아니라 여자
아이에게도 환영받는 만능 아이템. 허리가 깔끔
해 보이므로 천을 선택하기에 따라 격식 있는
자리에서도 얼마든지 입을 수 있다.

1   2   3   4   5

B-1

도트 무늬 팬츠

크롭트 길이로 만든 팬츠로 도트 무늬 리넨을 선택했다. 세탁이 편하고 금방 마르기 때문에 여름 일상복으로 적극 추천할 만하다.

how to make --> p.74

B-2

데님 팬츠

풀렝스 팬츠는 유행을 타지 않는 데님 소재
가 제격이다. 턱을 넣어 깔끔하게 만들었기
때문에 단정한 분위기도 낼 수 있다.

how to make --> p.75

B-3

코듀로이 쇼트 팬츠

고운 라벤더색 코듀로이로 만든 깜찍한
쇼트 팬츠. 소재가 얇아서 사계절 내내 입
을 수 있다.

how to make --> p.70

B-4

서스펜더 팬츠

벚꽃잎같이 은은한 핑크색 리넨 소재로 완
성한 소녀 감성 아이템. 어깨에 달려 있는
프릴이 아이의 귀여움을 한층 더 돋보이게
한다.

how to make --> p.76

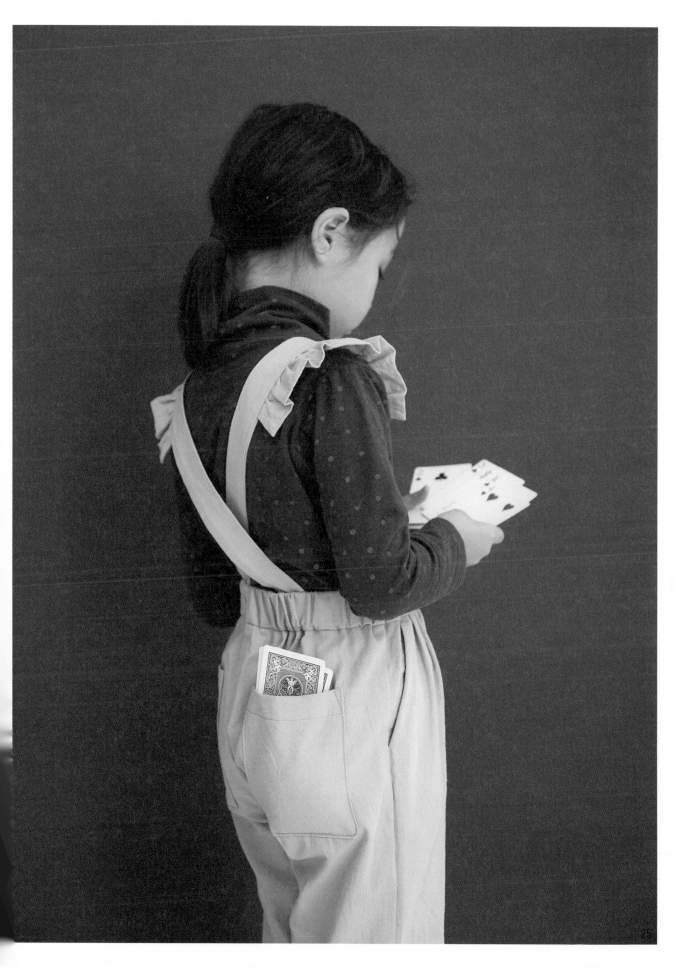

B-5

벨트 고리 달린 하프 팬츠

지퍼로 앞트임을 하고 벨트 고리까지 달아 기
성복 못지않은 완성도를 뽐낸다. 정장 스타일
에도 멋지게 잘 어울린다.

how to make --> p.70

만든 옷으로 즐기는
스타일 제안!

PATTERN B

유니섹스 스타일의 팬츠는 남자아이와 여자아이 모두
사계절 전천후로 폭넓게 즐길 수 있다.
소재나 색상, 모양을 바꿔 여러 벌 만들어보자.

STYLE 4

성숙한
리조트 스타일
완성!

STYLE 2

고급스러운
펌프스로
어른스럽게 변신

STYLE 1

STYLE 3

FOR BOYS

french casual !

STYLE 1
밝은 블루의 가로 줄무늬를 매
치해 프렌치 캐주얼에 도전.
새하얀 레이스업 슈즈가 코디
의 결정적 한 수이다. 베레모
를 맞춰 써도 굿!

STYLE 2
여름 태양에도 끄떡없는 선명
한 파란색 상의가 돋보이는 옷
차림. 섬세한 디테일의 발레
슈즈를 매치하니 심플한 코디
가 단숨에 상큼해졌다.

STYLE 3
상의는 깨끗한 흰색 폴로셔츠
를 선택해 예의 바른 신사 스
타일로. 배낭과 신발은 밝은
색을 배치해 아이답게 활발한
인상을 더했다.

STYLE 4
입는 것만으로 밝은 기운이 느
껴지는 카나리아 옐로 컬러의
상의를 주역으로 한 스타일.
바구니 백이나 샌들 같은 소품
활용이 돋보이는 심플한 코디
이다.

STYLE
5

FOR
BOYS

후드 티셔츠로
러프한 스타일
완성

with
red sneakers

STYLE
7

FOR
BOYS

STYLE
6

with
fur vest

STYLE
8

샌들로
리조트 느낌을
흠뻑

STYLE 5
깔끔한 무늬가 들어간 니트와
매치하여 차분한 인상으로. 밝
은색 신발로 포인트를 주었다.
겨울에는 더플코트를 걸쳐도
귀엽다.

STYLE 6
볼륨 있는 인조 퍼 베스트는
짧은 쇼트 팬츠와 궁합이 잘
맞는다. 발에는 부츠를 매치해
전체 실루엣과 균형을 맞추면
완성.

STYLE 7
단정한 팬츠에 깜찍한 일러스트
가 그려진 후드 티셔츠로 약간
클래식한 캐주얼 룩. 적당히 힘
을 뺀 일상복의 세련된 코디로
추천.

STYLE 8
풍성하고 둥그런 실루엣이 사
랑스러운 벌룬 원피스. 민소매
와 샌들로 리조트 분위기가 느
껴지는 옷차림이다. 포인트로
숄더백까지.

풀오버

목선이 둥근 풀오버 셔츠는 몸판을 넉넉히 하
여 편안한 실루엣으로 완성했다. 기본형이 심플
하기 때문에 응용하는 재미가 쏠쏠하다. 천이나
모양을 바꾸면 자유자재로 다양한 표정을 즐길
수 있는 패턴이다.

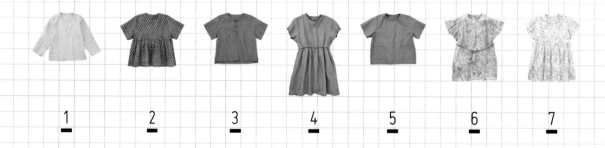

<u>1</u>　　　<u>2</u>　　　<u>3</u>　　　<u>4</u>　　　<u>5</u>　　　<u>6</u>　　　<u>7</u>

C-1

헨리 넥 셔츠

빈티지 감성이 느껴지는 헨리 넥 셔츠. 피부색과 잘 어울리는 연한 베이지색 리넨을 사용하여 만들었다.

how to make --> p.77

C-2

스목 블라우스

가슴에 이음선을 넣어 몸판에 개더를 잡았
다. 밝고 귀여운 핑크색 인도면으로 만들
어 에스닉한 분위기를 냈다.

how to make --> p.80

*스목 블라우스: 긴 길이의 헐렁한 상의로 개더가 약간
 들어간 하이 요크가 달린 블라우스.

C-3

헨리 넥 반소매 셔츠

조직이 촘촘한 고밀도 면 소재로, 감색×흰색의 스트라이프를 선택했다. 장력 있는 천이라 단정한 인상을 준다.

how to make --> p.77

C-4

이음선 있는 원피스

스커트 부분에 개더를 잡아 변화를 주고 허리 고무줄로 블라우징하여 입는 원피스. 검은색 구슬 레이스가 깜찍한 악센트 역할을 한다.

how to make --> p.82

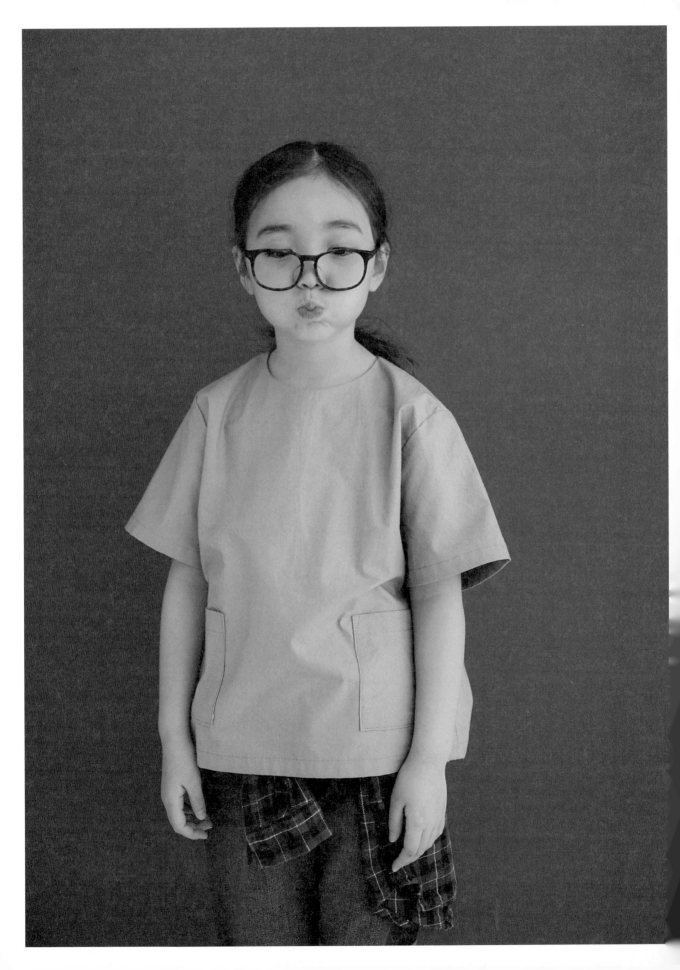

C-5

포켓 달린 블라우스

반소매에 포켓을 연출한 간단한 디자인이
다. 대단히 심플한 패턴이지만 고급 코튼
소재로 만들어 제법 근사하다.

how to make --> p.81

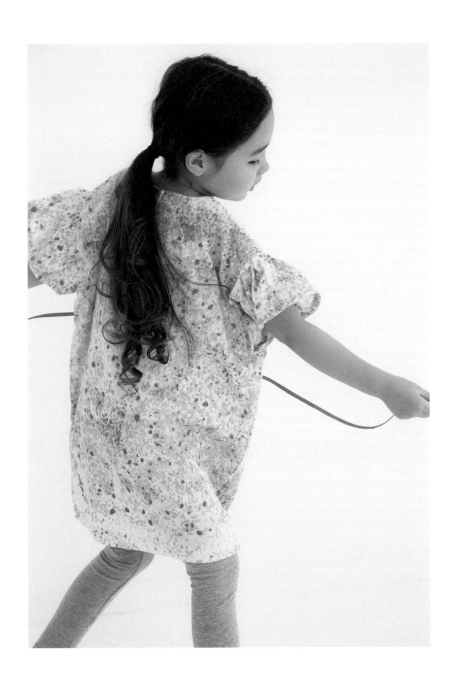

C-6

프릴 소매 원피스

추상적인 무늬의 더블 거즈로 만든 원피스. 허리 벨트는 앞으로 묶어도, 뒤로 묶어도 귀여운 투웨이 방식.

how to make --> p.84

C-7

프릴 칼라 원피스

별똥별 느낌을 전면에 프린트해 산뜻한 원피스.
바이어스로 자른 천을 끼워 넣는 방법으로 칼라
도 간단하게 달 수 있다.

how to make --> p.85

만든 옷으로 즐기는
스타일 제안!

PATTERN C

넉넉한 실루엣의 패턴으로,
자연스러움이 돋보이는 트렌디한 연출에
추천하는 아이템이다.
조금만 변화를 주어도 인상이 확 바뀐다.

STYLE
3

소품으로
여성미를 업!

STYLE
1

검은색 연출로
세련된 숙녀
변신

STYLE
2

STYLE
4

FOR
BOYS

with
knit cap

STYLE 1
머스터드×블랙의 대비가 강
렬한 코디. 소품도 모두 검은
색으로 정리해 통일감을 주었
다. 어른도 따라 하고 싶은 세
련된 옷차림이다.

STYLE 2
얇은 인도면은 부피감이나 구
김 걱정이 없어 여행 갈 때도
그만이다. 금방 마르기 때문에
여름 피서지나 물놀이에 강추.
에스닉한 무늬로 리조트 기분
을 북돋운다.

STYLE 3
보이시한 요소가 강한 상의이
지만 소재감이 두드러진 스커
트에 매치하면 멋쟁이 여자아
이로 대변신. 가방과 신발까지
소녀다운 느낌을 더하면 완벽
하다.

STYLE 4
대담한 꽃무늬의 하프 팬츠를
매치해 편안함이 돋보인다. 니
트 캡을 더해 스타일을 멋지게
살렸다. 신발은 흰색을 골라
깨끗한 느낌을 주었다.

STYLE
5

니트 팬츠로
적당히
여유감을

STYLE
7

FOR
BOYS

very
stylish !

STYLE
8

STYLE
6

FOR
BOYS

포인트로
빨간색 배낭을
더하다

layered
style

STYLE 5

단아한 트렌치코트로 멋을 낸
가을 옷 입기. 컬러 타이츠를
신어 포인트 컬러를 더해도 멋
지다. 신발을 스니커즈로 바꾸
어 전혀 다른 분위기를 즐기는
방법도 추천한다.

STYLE 6

치노 소재의 쇼트 팬츠로 깜찍
한 캐주얼 복장을 즐긴다. 흰
색 양말×스포츠 샌들의 매치
로 세련미가 돋보이는 캐주얼
스타일 완성. 배낭의 빨간색이
포인트로 제격!

STYLE 7

내추럴한 분위기를 적절히 연
출한 옷차림. 맨발로 신는 스
니커즈도 분위기를 내는 데
한몫한다. 강렬한 인상의 카
무플라주 가방을 곁들여 전체
옷차림에 살짝 힘을 주었다.

STYLE 8

같은 색 계열의 플리츠스커트
가 밑단 아래로 살짝 보이는
레이어드 스타일. 흰색 레이스
업 슈즈를 매치하여 깔끔하고
세련된 인상으로 마무리했다.

스트레이트 팬츠

허리 전체에 고무줄을 넣은 팬츠는 갈아입기 편
해 아이들에게 부담이 없다. 앞트임 디자인에
포켓까지 달아 실내복 같지 않고, 제대로 멋을
낼 수 있는 팬츠로 완성했다.

1   2   3   4   5   6

D-1

체크무늬 하프 팬츠

선명한 체크무늬가 소년에게 잘 어울리는
팬츠. 상의를 연출하기에 따라 클래식하게
분위기를 낼 수도 있다.

how to make --> p.86

45

D-2

속바지가 달린 스커트

볼륨이 풍성한 스커트와 속바지를 한 세트
로 만든 아이템이다. 스커트와 팬츠의 천
을 각기 달리해도 깜찍할 듯하다.

how to make --> p.90

D-3

카고 하프 팬츠

옆에도 포켓을 단 카고 팬츠이다. 뛰놀기
좋아하는 개구쟁이 남자아이가 매일 입는
평상복으로. 약간 두꺼운 튼튼한 천으로
만들어보자.

how to make --> p.89

D-4

치노 팬츠

일 년 내내 입을 수 있는 기본 스타일의 팬츠를 만들어보자. 남자아이도 여자아이도 다양하게 연출할 수 있는 활용도 높은 아이템이다.

how to make --> p.86

D-5

살로페트 팬츠

가우초 팬츠처럼 폭을 넓히고 가슴받이와 멜빵을 달아 만들었다. 하나 있으면 어느 옷에나 잘 어울려 매일 색다른 멋을 즐길 수 있다.

how to make --> p.92

D-6

벨트 달린 쇼트 팬츠

버클 벨트를 단 아웃도어풍 팬츠이다. 이
번엔 깔끔한 색상의 코듀로이로 만들었지
만 천을 달리해서 다양하게 즐길 수 있다.

how to make --> p.91

만든 옷으로 즐기는
스타일 제안!

PATTERN D

허리에 고무줄이 있는 팬츠는 움직이기 편해서
활동적인 아이들에게는 필수 아이템이다.
색이나 소재를 바꿔 여러 벌 만들어두고
매일매일 코디에 맞게 활용해보자.

STYLE
3

FOR
BOYS

It's cool !

STYLE
1

새빨간 샌들로
여성미 업

STYLE
2

STYLE
4

adult
like !

깜찍한 코디로
여름을 활기차게

STYLE 1

보이시한 카고 팬츠를 여자아
이 스타일로 개성 있게 연출.
경쾌한 주름 블라우스에 믹스
매치 코디를 즐겨보자. 카디건
과 신발로 색감을 더해 소녀
감성을 한층 높였다.

STYLE 2

같은 색 계열의 줄무늬 상의를
안에 받쳐 입었다. 가을 분위
기 흠뻑 풍기는 시크한 옷차림
이다. 볼륨감 있는 퍼 소재 모
자로 개성을 뽐낸다. 빨강 에
나멜 발레 슈즈도 깜찍하다.

STYLE 3

심플한 브이넥 카디건을 매치
하여 깔끔한 이미지 어필. 팬
츠 무늬와 연결한 파란색 티
셔츠도 코디의 포인트이다. 끈
있는 신발로 단정하게 마무리
하였다.

STYLE 4

큰 도트 무늬 티셔츠로 흥겹고
유쾌한 스타일로, 활력이 느껴
지는 빨강 스커트와 매치하기
에 좋은 깜찍한 아이템이다.
여기에 은색 신발로 남다른 개
성을 살렸다.

STYLE
5

FOR
BOYS

STYLE
6

STYLE
7

부츠를
매치하여
겨울 스타일로

STYLE
8

FOR
BOYS

레이스 칼라로
소녀 감성 충만

casual
style

STYLE 5
로고 티셔츠＋팬츠로 러프하게 즐기는 스트리트 캐주얼. 데님 모자로 심플한 코디를 완벽하게 마무리. 햇볕도 충분히 가려주어 야외 활동에도 최고.

STYLE 6
베이지×캐멀 컬러의 원 톤 코디에 레이스 칼라가 포인트로 돋보인다. 소재감이 드러나게 코디해야 밋밋한 인상을 주지 않는다. 신발도 흰색으로 연결하여 색상에 균형을 맞추었다.

STYLE 7
클래식한 더플코트로 완성한 겨울 코디. 상의까지 빨간색으로 통일하면 살짝만 보여도 귀엽다. 따스함이 느껴지는 퍼 소재 부츠로 겨울 외출이 즐거워진다.

STYLE 8
티셔츠의 노란색이 포인트 역할을 하는 활동적 옷차림. 여기에 스니커즈를 신어 편안하게 연출했다. 아이들 외출할 때 활용도 높은 배낭은 깔끔한 블루 컬러를 선택했다.

이 책으로 바느질에 대한 흥미가 조금이라도 커진다면 더할 나위 없는 기쁨입니다. 남자아이와 여자아이 모두 매일을 멋지게 만들어줄 근사한 옷을 직접 만들어보세요.

how to make

●완성 치수(100∕110∕120∕130∕140 사이즈)

PATTERN A 앞트임 셔츠

가슴둘레…76.2cm∕80.2cm∕84.2cm∕88.2cm∕92.2cm

1, 3, 4 ,6   옷 길이…42cm∕45cm∕48cm∕51cm∕55cm

2   옷 길이…57.4cm∕62.4cm∕67.4cm∕72.4cm∕78.8cm

5   몸판 길이…37.3cm∕40.3cm∕43.3cm∕46.3cm∕49.3cm

　 팬츠 길이…21.6cm∕22.6cm∕23.6cm∕24.6cm∕25.6cm

7   옷 길이…58.2cm∕63.2cm∕68.2cm∕73.2cm∕79.7cm

PATTERN B 턱 팬츠

허리둘레(완성 치수)…약 45cm∕49cm∕53cm∕57cm∕61cm

허리둘레(최대)…65cm∕69cm∕73cm∕77cm∕81cm

엉덩이둘레…76cm∕80cm∕84cm∕88cm∕92cm

1   팬츠 길이…43.5cm∕49cm∕54.5cm∕60cm∕65.5cm

2, 4   팬츠 길이…52cm∕59cm∕66cm∕73cm∕80cm

3   팬츠 길이…22cm∕24cm∕26cm∕28cm∕30cm

5   팬츠 길이…31cm∕35cm∕39cm∕43cm∕47cm

PATTERN C 풀오버

가슴둘레…78cm∕82cm∕86cm∕90cm∕94cm

1, 3   옷 길이…41cm∕44cm∕47cm∕50cm∕54cm

2   옷 길이…41.8cm∕44.8cm∕47.8cm∕50.8cm∕54.8cm

4   옷 길이…56.8cm∕61.8cm∕66.8cm∕ 71.8cm∕77.8cm

5   옷 길이…40cm∕43cm∕46cm∕49cm∕53cm

6   옷 길이…53cm∕58cm∕63cm∕68cm∕74cm

7   옷 길이…57cm∕62cm∕67cm∕72cm∕78.5cm

PATTERN D 스트레이트 팬츠

허리둘레(완성 치수)…약 45cm∕49cm∕53cm∕57cm∕61cm

허리둘레(최대)…68cm∕72cm∕76cm∕80cm∕84cm

엉덩이둘레…73cm∕77cm∕81cm∕85cm∕89cm

1   팬츠 길이…29cm∕33cm∕37cm∕41cm∕45cm

2   팬츠 길이…22.6cm∕23.6cm∕24.6cm∕25.6cm∕26.6cm

　 스커트 길이…26cm∕28.5cm∕31cm∕33.5cm∕36cm

3   팬츠 길이…31.6cm∕35.6cm∕39.6cm∕43.6cm∕47.6cm

4   팬츠 길이…52.4cm∕59.4cm∕66.4cm∕73.4cm∕80.4cm

5   팬츠 길이…42.1cm∕47.6cm∕53.1cm∕58.6cm∕64.1cm

6   팬츠 길이…27.6cm∕31.6cm∕35.6cm∕39.6cm∕43.6cm

●참고 치수(100∕110∕120∕130∕140 사이즈)

가슴둘레…54cm∕57cm∕60cm∕64cm∕70cm

허리둘레…51cm∕53cm∕54cm∕56cm∕60cm

엉덩이둘레…57cm∕60cm∕63cm∕70cm∕75cm

참고 연령…3.5세∕5.5세∕6.5세∕8.5세∕10.5세

남자아이 110cm와 여자아이 111cm 모델은 110 사이즈의 작품을 착용.

●실물 대형 옷본에 대하여

부록 실물 대형 옷본은 시접 포함이다.

안쪽의 회색 선이 완성선, 바깥쪽의 빨간색 선이 시접 포함 선이다.

시접 포함 옷본은 재단 시 시접을 계산하여 천에 표시하는 수고를 덜 수 있어 편리하다.

또 초크지 등으로 완성선을 표시하지 않고 천 끝에서 지정된 치수로 박는다(예를 들어 1cm 시접은 천 끝에서 1cm 안쪽을 박는다). 따라서 박을 때 필요한 맞춤 표시는 가위집을 넣어 표시한다. 골선이 되는 중심은 시접 모서리를 비스듬히 잘라 맞춤 표시로 한다.

원하는 시접 폭으로 만들고 싶거나 시접이 포함된 옷본에 익숙하지 않아 불안하다면 안쪽의 완성선(회색 선)으로 옷본을 베껴 재단 배치도의 지정된 시접을 더하여 재단한 뒤 완성선을 표시한다.

●재단 배치도에 대하여

각 작품의 재단 배치도는 110 사이즈 옷본으로 되어 있다. 큰 사이즈는 같은 모양으로 배치할 수 없는 경우도 있으므로 그만큼 재료 사용량이 늘어난다.

●시접 포함 옷본을 사용할 경우 — 천 재단법

이 책의 옷본은 시접이 포함되어 있어 빨간색 선을 베끼면 안쪽에 시접(치수는 각 재단 배치도를 참조)이 함께 들어 있다. 천 위에 옷본을 놓고 옷본 끝을 따라 천을 자른다.

앞 옷본

●시접 포함 옷본을 사용할 경우 — 표시하기

완성선을 표시하지 않고 천 끝에서 지정된 치수로 박는다(예를 들어 1cm 시접은 천 끝에서 1cm 안쪽을 박는다). 따라서 박을 때 필요한 맞춤 표시는 천 끝에 옷본째 가위집을 넣어 표시한다. 골선이 되는 중심은 시접 모서리를 비스듬히 잘라서 맞춤 표시로 한다. 표시를 끝낸 뒤 옷본을 떼어낸다. 다트나 턱, 포켓 위치 등 시접보다 안쪽에 표시할 때는 천의 올이 끊어지지 않도록 송곳으로 작은 구멍을 내거나 물에 지워지는 표시용 펜으로 그려 넣는다.

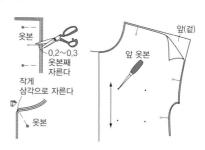

옷본
0.2~0.3
옷본째 자른다
작게 삼각으로 자른다
옷본
앞(겉)
앞 옷본

A-6 흰색 셔츠
--> p.14

A-2 셔츠 원피스
--> p.8

●필요한 옷본(실물 대형 옷본 A면)
앞, 뒤, 요크, 소매, 위 칼라, 칼라 밴드, 가슴 포켓, 커프스,
덧단, 밑덧단

●재료(100／110／120／130／140 사이즈)
A-6 흰색 셔츠
겉감(면 브로드) 110cm 폭 1.2m／1.3m／1.4m／1.5m／1.6m
얇은 접착심지(앞 안단, 위 칼라, 칼라 밴드, 커프스, 덧단, 밑덧
단 분량) 90cm 폭 40cm／50cm／50cm／50cm／60cm
단추 지름 1.1cm 8개
A-2 셔츠 원피스
겉감(코튼 스트라이프) 110cm 폭 1.5m／1.6m／1.7m／1.8m
／1.9m
얇은 접착심지(앞 안단, 위 칼라, 칼라 밴드, 커프스, 덧단, 밑덧
단 분량) 90cm 폭 60cm／60cm／70cm／80cm／80cm
단추 지름 1.1cm 10개

●박기 전 준비
• 앞 안단, 위 칼라, 칼라 밴드, 커프스, 덧단, 밑덧단의 안쪽에
  접착심지를 붙인다
• 가슴 포켓 입구를 다리미로 2번 접는다.

●박는 법
①가슴 포켓을 만들어 단다(→ p.59)
②앞 끝을 마무리한다(→ p.59)
③뒤 몸판의 턱을 접어 요크를 단다(→ p.59)
④앞 몸판에 요크를 단다(→ p.60)
⑤칼라를 만든다(→ p.60)
⑥칼라를 단다(→ p.61)
⑦소맷부리 트임을 만든다(→ p.61)
⑧소매를 몸판에 단다(→ p.62)
⑨소매 밑과 옆을 이어 박는다(→ p.62)
⑩소맷부리의 턱을 접어 커프스를 단다(→ p.63)
⑪밑단을 2번 접어 박는다(A-6→ p.63)
⑫단춧구멍을 만들고(→ p.94), 단추를 단다

●재단 배치도

A-6
＊지정된 시접 이외는 1cm
■는 안쪽에 접착심지를 붙인다

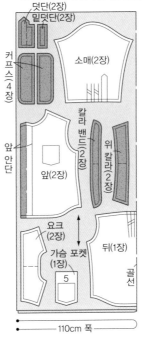

A-2
＊지정된 시접 이외는 1cm
■는 안쪽에 접착심지를 붙인다

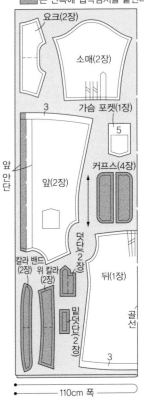

●박기 전 준비

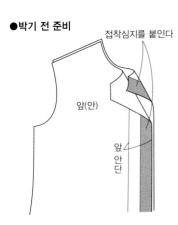

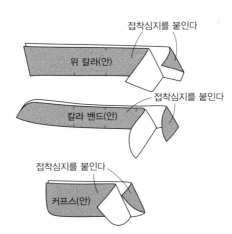

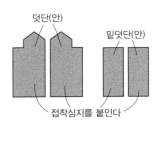

● 박는 순서

A-6

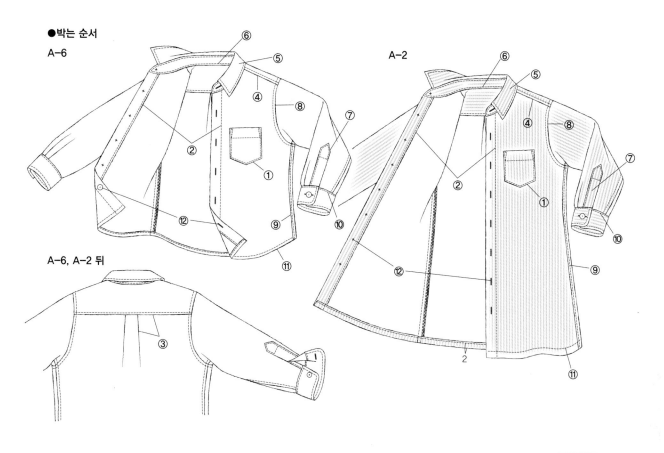

A-2

A-6, A-2 뒤

① 가슴 포켓을 만들어 단다

①2번 접는다

가슴 포켓
(안)

②박는다
0.1

가슴 포켓
(안)

③시접을
접는다

가슴 포켓(안)

1

0.5

가슴 포켓
(겉)

박기
시작

왼쪽 앞(겉) ④몸판에 놓고 박는다

③ 뒤 몸판의 턱을 접어 요크를 단다

①턱을 접어
박는다

5~7

다리미로
턱을 누른다

뒤(겉)

②겉 요크와 안 요크를 겉끼리 맞대고
그 사이에 뒤를 끼워 3장 함께 박는다

1

안 요크
(겉)

겉 요크(안)

뒤(겉)

② 앞 끝을 마무리한다

①다리미로 2번 접는다

2.5   2.5

왼쪽 앞(안)

②박는다

왼쪽 앞(안)

0.1

*오른쪽 앞 끝도
같은 방법으로 박는다

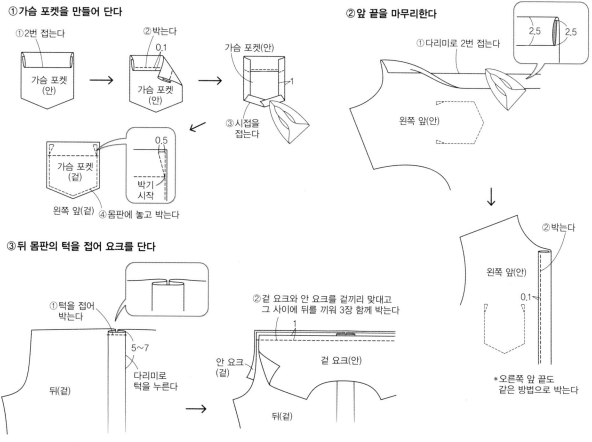

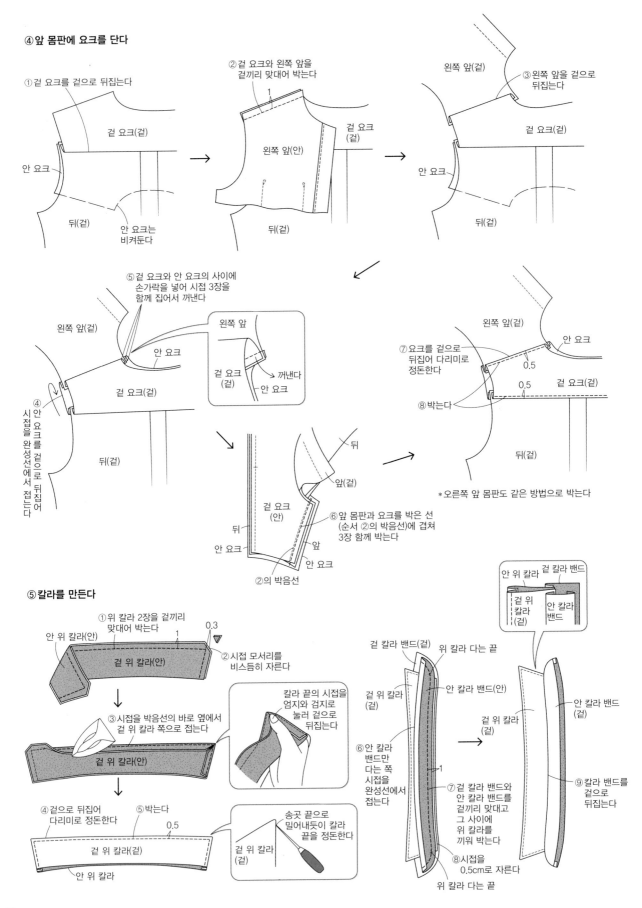

④ 앞 몸판에 요크를 단다

① 겉 요크를 겉으로 뒤집는다

겉 요크(겉)

안 요크

뒤(겉)

안 요크는
비켜둔다

② 겉 요크와 왼쪽 앞을
겉끼리 맞대어 박는다

1

왼쪽 앞(안)

겉 요크
(겉)

뒤(겉)

왼쪽 앞(겉)

③ 왼쪽 앞을 겉으로
뒤집는다

겉 요크(겉)

안 요크

뒤(겉)

⑤ 겉 요크와 안 요크의 사이에
손가락을 넣어 시접 3장을
함께 집어서 꺼낸다

왼쪽 앞(겉)

안 요크

겉 요크(겉)

④
안
요크를
겉으로
뒤집어
시접을
완성선
에서
접는
다

뒤(겉)

왼쪽 앞

겉 요크
(겉)

꺼낸다

안 요크

겉 요크
(안)

뒤

안 요크

앞

안 요크

② 의 박음선

뒤

앞(겉)

⑥ 앞 몸판과 요크를 박은 선
(순서 ②의 박음선)에 겹쳐
3장 함께 박는다

왼쪽 앞(겉)

⑦ 요크를 겉으로
뒤집어 다리미로
정돈한다

안 요크

0.5

0.5

겉 요크(겉)

⑧ 박는다

뒤(겉)

* 오른쪽 앞 몸판도 같은 방법으로 박는다

⑤ 칼라를 만든다

① 위 칼라 2장을 겉끼리
맞대어 박는다

안 위 칼라(안)

1

0.3

겉 위 칼라(안)

② 시접 모서리를
비스듬히 자른다

③ 시접을 박음선의 바로 옆에서
겉 위 칼라 쪽으로 접는다

겉 위 칼라(안)

칼라 끝의 시접을
엄지와 검지로
눌러 겉으로
뒤집는다

④ 겉으로 뒤집어
다리미로 정돈한다

⑤ 박는다

0.5

겉 위 칼라(겉)

안 위 칼라

송곳 끝으로
밀어내듯이 칼라
끝을 정돈한다

겉 위 칼라
(겉)

안 위 칼라

겉 위 칼라

겉 칼라 밴드

안 위 칼라

겉 위
칼라
(겉)

안 칼라
밴드

겉 칼라 밴드(겉)

위 칼라 다는 끝

겉 위 칼라
(겉)

안 칼라 밴드(안)

⑥ 안 칼라
밴드만
다는 쪽
시접을
완성선에서
접는다

1

⑦ 겉 칼라 밴드와
안 칼라 밴드를
겉끼리 맞대고
그 사이에
위 칼라를
끼워 박는다

⑧ 시접을
0.5cm로 자른다

위 칼라 다는 끝

겉 위 칼라
(겉)

안 칼라 밴드
(겉)

⑨ 칼라 밴드를
겉으로
뒤집는다

⑥ 칼라를 단다

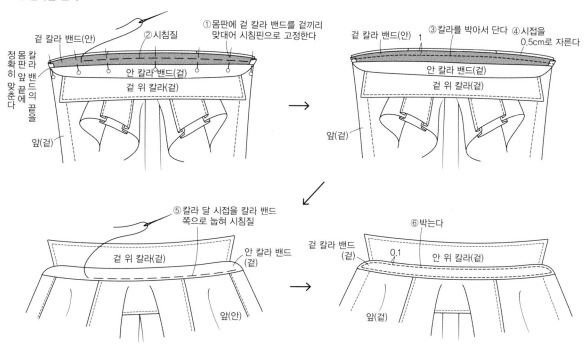

⑦ 소맷부리 트임을 만든다

＊여기서 만드는 법은 왼쪽 소매이다. 오른쪽 소매는 좌우 대칭으로 단다

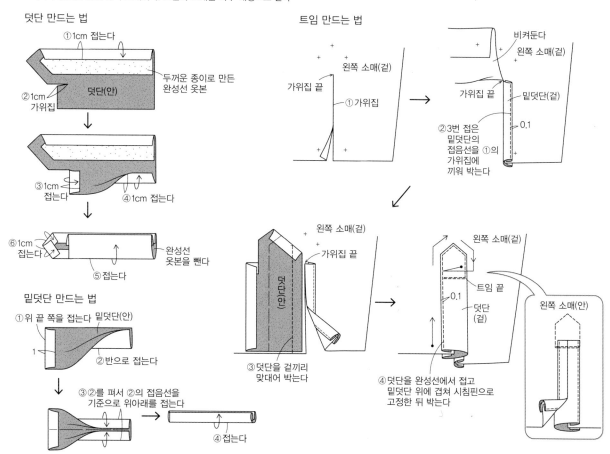

⑧소매를 몸판에 단다

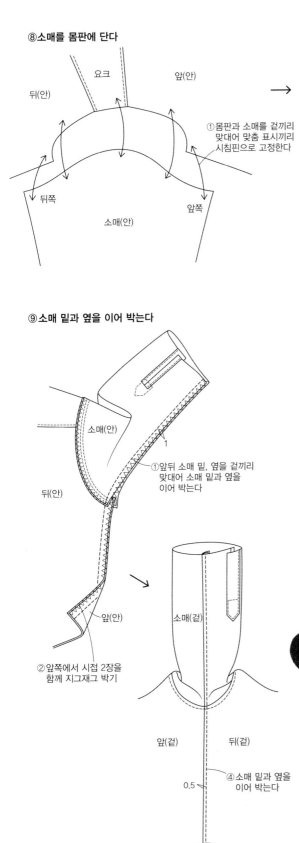

뒤(안) 요크 앞(안)

① 몸판과 소매를 겉끼리 맞대어 맞춤 표시끼리 시침핀으로 고정한다

뒤쪽 앞쪽

소매(안)

앞쪽

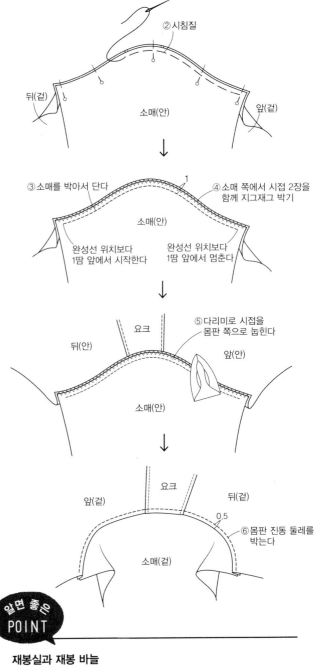

② 시침질

뒤(겉) 소매(안) 앞(겉)

③ 소매를 박아서 단다 1 ④ 소매 쪽에서 시접 2장을 함께 지그재그 박기

소매(안)

완성선 위치보다 1땀 앞에서 시작한다 완성선 위치보다 1땀 앞에서 멈춘다

⑤ 다리미로 시접을 몸판 쪽으로 눕힌다

뒤(안) 요크 앞(안)

소매(안)

앞(겉) 요크 뒤(겉)

0.5

⑥ 몸판 진동 둘레를 박는다

소매(겉)

⑨소매 밑과 옆을 이어 박는다

소매(안)

1

뒤(안)

① 앞뒤 소매 밑, 옆을 겉끼리 맞대어 소매 밑과 옆을 이어 박는다

앞(안)

② 앞쪽에서 시접 2장을 함께 지그재그 박기

소매(겉)

앞(겉) 뒤(겉)

④ 소매 밑과 옆을 이어 박는다

0.5

③ 시접을 뒤쪽으로 눕힌다

재봉실과 재봉 바늘

천에 맞추어 고른다

솔기를 깔끔하게 완성하기 위해 재봉실과 재봉 바늘은 천의 두께나 소재에 맞추어 궁합이 잘 맞는 크기를 고른다. 다음을 참고하여 구분하여 사용하자. 재봉실은 대부분의 천에 사용 가능한 폴리에스테르 실(방적견사)이 튼튼하면서도 천과 조화가 잘 맞아 추천.

얇은 천(면, 론, 폴리에스테르)에는 90번 재봉실과 9번 재봉 바늘을 사용하지만, 아동복에 주로 쓰이는 일반 천(리넨, 코튼, 울)에는 60번 재봉실과 11번 재봉 바늘을 사용한다.

색이 다양한 무늬 있는 원단의 재봉실 고르는 법

재봉실은 솔기가 표시 나지 않도록 천과 같은 색상을 고르는 것이 기본으로, 무늬 있는 원단은 그 안에서 주로 사용한 색을 기준으로 정한다. 구입할 때 매장에 있는 견본 실을 천에 대보고 어울리는 색을 고른다.

⑩소맷부리의 턱을 접어 커프스를 단다

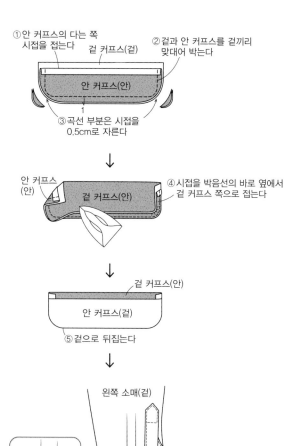

①안 커프스의 다는 쪽 시접을 접는다

겉 커프스(겉)

②겉과 안 커프스를 겉끼리 맞대어 박는다

안 커프스(안)

③곡선 부분은 시접을 0.5cm로 자른다

안 커프스 (안)

겉 커프스(안)

④시접을 박음선의 바로 옆에서 겉 커프스 쪽으로 접는다

겉 커프스(안)

안 커프스(겉)

⑤겉으로 뒤집는다

왼쪽 소매(겉)

1 1

⑥턱을 접어 박는다

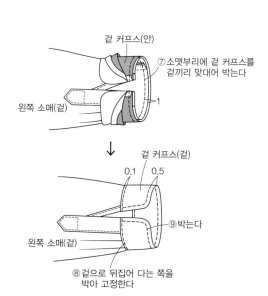

겉 커프스(안)

⑦소맷부리에 겉 커프스를 겉끼리 맞대어 박는다

왼쪽 소매(겉)

1

겉 커프스(겉)

0,1 0,5

⑨박는다

왼쪽 소매(겉)

⑧겉으로 뒤집어 다는 쪽을 박아 고정한다

⑪밑단을 2번 접어 박는다

A-6의 경우

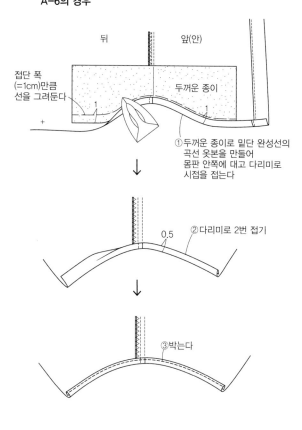

뒤   앞(안)

접단 폭 (=1cm)만큼 선을 그려둔다

두꺼운 종이

1

+

1

①두꺼운 종이로 밑단 완성선의 곡선 옷본을 만들어 몸판 안쪽에 대고 다리미로 시접을 접는다

0.5

②다리미로 2번 접기

③박는다

POINT

알면 좋은

접착심지 재단법과 붙이는 법

칼라나 안단 등 단단히 완성하려는 파트에는 접착심지를 붙인다. 붙이기 전에 겉감의 겉과 안, 접착심지의 구김 등을 체크해둔다.

재단법

접착심지 위에 옷본을 놓고 시침핀으로 고정하여 옷본 끝을 따라 자른다

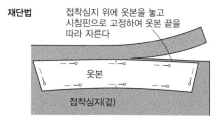

옷본

접착심지(겉)

붙이는 법

①겉감 안쪽에 접착심지의 안쪽 (까슬까슬한 쪽)을 맞춘다

겉감(겉)

접착심지는 먼저 중앙을 누른 뒤 각각 좌우 방향으로 붙인다

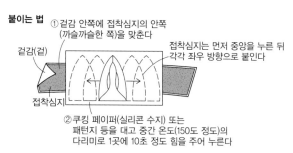

접착심지

②쿠킹 페이퍼(실리콘 수지) 또는 패턴지 등을 대고 중간 온도(150도 정도)의 다리미로 1곳에 10초 정도 힘을 주어 누른다

A-1 민소매 셔츠

--> p.7

●필요한 옷본(실물 대형 옷본 A면)

앞, 뒤, 요크, 위 칼라, 칼라 밴드, 가슴 포켓
• 진동 둘레용 바이어스테이프는 재단 배치도에 표시된 치수를
천에 직접 그려서 자른다

●재료(100／110／120／130／140 사이즈)

겉감(면 론) 110cm 폭 1m／1m／1.1m／1.1m／1.2m
얇은 접착심지(앞 안단, 위 칼라, 칼라 밴드 분량) 90cm 폭
40cm／50cm／50cm／50cm／60cm
단추 지름 1.1cm 6개

●박기 전 준비

• 앞 안단, 위 칼라, 칼라 밴드의 안쪽에 접착심지를 붙인다
• 가슴 포켓 입구를 다리미로 2번 접는다

●박는 법

① 가슴 포켓을 만들어 단다(→ p.59)
② 앞 끝을 마무리한다(→ p.59)
③ 뒤 몸판의 턱을 접어 요크를 단다(→ p.59)
④ 앞 몸판에 요크를 단다(→ p.60)
⑤ 칼라를 만든다((→ p.60＋p.68)
⑥ 칼라를 단다(→ p.61)
⑦ 옆을 박는다
⑧ 진동 둘레를 바이어스테이프로 마무리한다(→ p.64)
⑨ 밑단을 2번 접어 박는다(→ p.63)
⑩ 단춧구멍을 만들고(→ p.94), 단추를 단다

●박는 순서

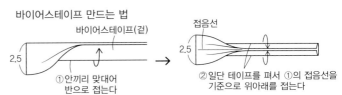

0.5cm로 박는다

(안)
0.5   0.5

⑧진동 둘레를 바이어스테이프로 마무리한다

바이어스테이프 만드는 법

바이어스테이프(겉)

2.5

①안끼리 맞대어
반으로 접는다

접음선

2.5

②일단 테이프를 펴서 ①의 접음선을
기준으로 위아래를 접는다

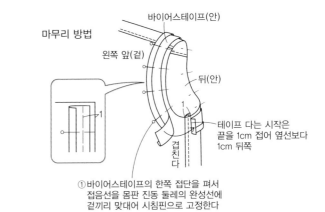

마무리 방법

바이어스테이프(안)

왼쪽 앞(겉)

뒤(안)

1

테이프 다는 시작은
끝을 1cm 접어 옆선보다
1cm 뒤쪽

겹친다

①바이어스테이프의 한쪽 접단을 펴서
접음선을 몸판 진동 둘레의 완성선에
겉끼리 맞대어 시침핀으로 고정한다

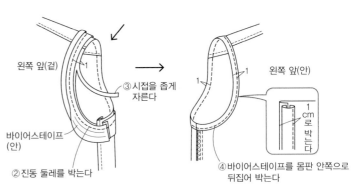

왼쪽 앞(겉)   1

③시접을 좁게
자른다

바이어스테이프
(안)

②진동 둘레를 박는다

왼쪽 앞(안)

1

1
cm
로
박
는
다

④바이어스테이프를 몸판 안쪽으로
뒤집어 박는다

●재단 배치도

* 지정된 시접 이외는 1cm
　는 안쪽에 접착심지를 붙인다

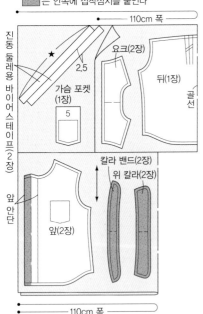

110cm 폭

진동 둘레용 바이어스테이프(2장)

★   2.5

요크(2장)

뒤(1장)

골선

가슴 포켓
(1장)

5

칼라 밴드(2장)

위 칼라(2장)

앞 안단

앞(2장)

110cm 폭

★＝35.5／37.5／39.5／41.5／43.5

A-3 퍼프소매 셔츠

--> p.10

●**필요한 옷본(실물 대형 옷본 A면)**
앞, 뒤, 요크, 소매, 위 칼라, 칼라 밴드, 가슴 포켓, 커프스

●**재료(100／110／120／130／140 사이즈)**
겉감(면 브로드) 110cm 폭 1m／1.1m／1.2m／1.3m／1.4m
얇은 접착심지(앞단, 위 칼라, 칼라 밴드 분량) 90cm 폭 40cm
／50cm／50cm／50cm／60cm
코드 파이핑 테이프 1cm 폭 1.8m／1.9m／2m／2.1m／2.2m
단추 지름 1.1cm 6개

●**소매 옷본 절개 방법과 배치법**
옷본의 절개선을 잘라 천 위에 지정된 치수만큼 평행으로 벌려서
놓는다. 벌어진 부분의 선은 이어둔다

●**박기 전 준비**
• 앞단은 겉쪽에, 위 칼라·칼라 밴드는 안쪽에 접착심지를 붙인다

●**박는 법**
①가슴 포켓을 만들어 단다
②앞 끝을 마무리한다(→ p.65)
③뒤 몸판의 턱을 접어 요크를 단다(→ p.59)
④앞 몸판에 요크를 단다(→ p.60)
⑤칼라를 만든다
⑥칼라를 단다(→ p.61)
⑦소매산에 개더를 잡아 몸판에 단다
⑧소매 밑과 옆을 이어 박는다(→ p.62)
⑨소맷부리에 개더를 잡아 커프스를 단다(→ p.65)
⑩밑단을 2번 접어 박는다(→ p.63)
⑪단춧구멍을 만들고(→ p.94), 단추를 단다

●**박는 순서**

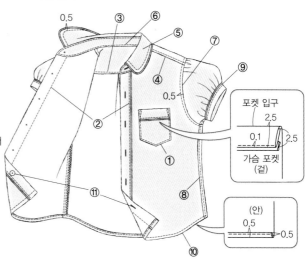

●**재단 배치도**

*지정된 시접 이외는 1cm
⬛는 안쪽에 접착심지를 붙인다

시접 포함 옷본의
절개선을 자른다
앞쪽 / 뒤쪽

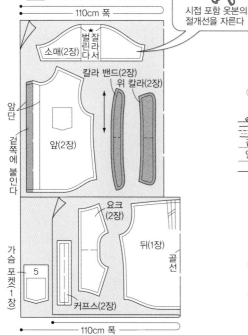

★=6.4／7／7.6／8.2／8.8

●**②앞 끝을 마무리한다**

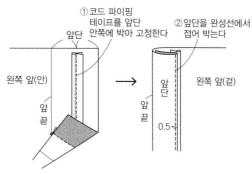

①코드 파이핑
테이프를 앞단
안쪽에 박아 고정한다
②앞단을 완성선에서
접어 박는다
앞단 / 왼쪽 앞(안) / 앞 끝
왼쪽 앞(겉) / 앞단 / 앞 끝 / 0.5

●**⑨소맷부리에 개더를 잡아 커프스를 단다**
*소맷부리는 원형으로 되어 있지만 이해하기 쉽게 평평한 상태로 설명한다

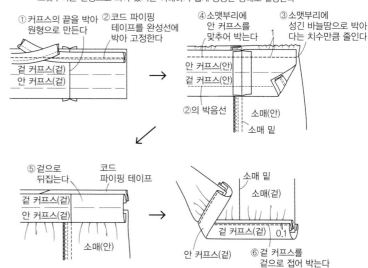

A-4 반소매 셔츠
--> p.11

●**필요한 옷본(실물 대형 옷본 A면)**
앞, 뒤, 요크, 소매, 위 칼라, 칼라 밴드, 가슴 포켓

●**재료(100／110／120／130／140 사이즈)**
겉감(면마 체크) 112cm 폭 1m／1.1m／1.2m／1.2m／1.3m
얇은 접착심지(앞 안단, 위 칼라, 칼라 밴드 분량) 90cm 폭
40cm／50cm／50cm／50cm／60cm
단추 지름 1.1cm 6개

●**박기 전 준비**
• 앞 안단, 위 칼라, 칼라 밴드 안쪽에 접착심지를 붙인다
• 소맷부리, 가슴 포켓 입구를 다리미로 2번 접는다

●**박는 법**
① 가슴 포켓을 만들어 단다(→ p.59)
② 앞 끝을 마무리한다(→ p.59)
③ 뒤 몸판의 턱을 접어
   요크를 단다(→ p.59)
④ 앞 몸판에 요크를 단다(→ p.60)
⑤ 칼라를 만든다(→ p.60)
⑥ 칼라를 단다(→ p.61)
⑦ 소매를 몸판에 단다(→ p.62)
⑧ 소매 밑과 옆을 이어 박는다(→ p.67)
⑨ 소맷부리를 2번 접어 박는다(→ p.67)
⑩ 밑단을 2번 접어 박는다(→ p.63)
⑪ 단춧구멍을 만들고(→ p.94), 단추를 단다

●**재단 포인트**
몸판의 무늬 맞춤은 앞뒤 중심선, 진동 둘레 아래에서 무늬가 잘 연결되도록 옷본을 배치한다. 포켓은 몸판에 다는 위치와 같은 무늬로 맞추는 방법과 일부러 어긋나게 하거나 바이어스로 재단하여 포인트를 주는 방법이 있다. 천을 2장 겹쳐 재단할 때는 위아래로 무늬가 어긋나지 않도록 맞춘 뒤 옷본을 놓는다. 또 무지나 자잘한 무늬의 원단에 비해 재료 사용량이 늘어나니 주의하자.

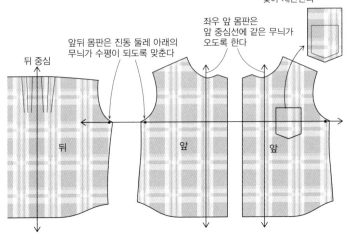

●**박는 순서**

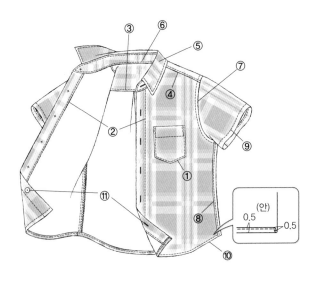

●**재단 배치도**

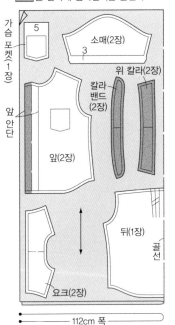

A-7 깅엄 체크 원피스
--> p.16

●**필요한 옷본(실물 대형 옷본 A면)**
앞, 뒤, 요크, 소매, 위 칼라, 칼라 밴드, 가슴 포켓,
앞뒤 스커트, 주머니 안감

●**재료(100／110／120／130／140 사이즈)**
겉감(코튼 깅엄 체크) 110cm 폭 1.7m／1.8m／1.9m／2m／2.1m
얇은 접착심지(앞 안단, 위 칼라, 칼라 밴드 분량) 90cm 폭 40cm
접착테이프(오른쪽 앞 포켓 입구 분량) 1.5cm 폭 15cm
단추 지름 1.1cm 4개

●**박기 전 준비**
· 앞 안단, 위 칼라, 칼라 밴드의 안쪽에 접착심지를 붙인다
· 스커트 오른쪽 앞 포켓 입구의 시접 안쪽에 접착테이프를
  붙인다
· 스커트 옆, 주머니 안감 옆의 시접을 천의 겉쪽에서
  지그재그 박기 한다
· 밑단, 소맷부리, 가슴 포켓 입구를 다리미로 2번 접는다

●**박는 법**
①가슴 포켓을 만들어 단다(→ p.59)
②앞 끝을 마무리한다(→ p.59)
③뒤 몸판의 턱을 접어 요크를 단다(→ p.59)
④앞 몸판에 요크를 단다(→ p.60)
⑤칼라를 만든다(→ p.60)
⑥칼라를 단다(→ p.61)
⑦소매를 몸판에 단다(→ p.62)
⑧소매 밑과 옆을 이어 박는다(→ p.67)
⑨소맷부리를 2번 접어 박는다(→ p.67)
⑩단춧구멍을 만들고(→ p.94), 단추를 단다
⑪스커트의 옆을 박고 오른쪽 옆에 포켓을 만든다(→ p.83)
⑫스커트의 밑단을 2번 접어 박는다
⑬스커트에 개더를 잡아 몸판에 단다(→ p.80)

●**재단 배치도**

●**박는 순서**

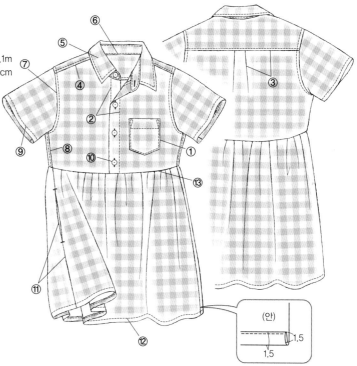

⑧소매 밑과 옆을 이어 박는다

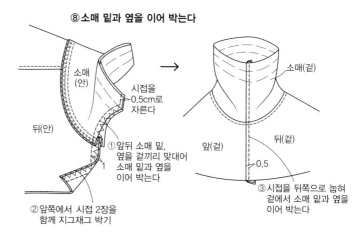

시접을
0.5cm로
자른다

①앞뒤 소매 밑,
옆을 겉끼리 맞대어
소매 밑과 옆을
이어 박는다

②앞쪽에서 시접 2장을
함께 지그재그 박기

③시접을 뒤쪽으로 눕혀
겉에서 소매 밑과 옆을
이어 박는다

⑨소맷부리를 2번 접어 박는다

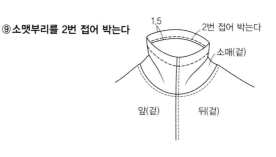

2번 접어 박는다

67

A-5 프릴 소매 콩비네종

--> p.12

⑬팬츠의 옆을 박는다(→ p.87)
⑭밑아래를 박는다(→ p.87)
⑮밑단을 2번 접어 박는다
⑯밑위를 앞뒤 이어 박고 민트임(모양 지퍼)을 만든다(→ p.88)
⑰몸판에 개더를 잡아 벨트와 박는다(→ p.69)
⑱벨트를 팬츠에 달고 고무줄을 끼운다(→ p.69)

●필요한 옷본(실물 대형 옷본 A, B, D면)

A면…앞, 뒤, 요크, 프릴, 위 칼라, 칼라 밴드, 가슴 포켓, 벨트
B면…주머니, 주머니 안감
D면…앞 팬츠, 뒤 팬츠, 뒤 포켓
· 진동 둘레용 바이어스테이프는 재단 배치에 표시된 치수를
  천에 직접 그려서 자른다

●재료(100／110／120／130／140 사이즈)

겉감(면마 덩거리) 110cm 폭 1.7m／1.8m／1.9m／2m／2.1m
얇은 접착심지(앞 안단, 위 칼라, 칼라 밴드 분량) 90cm 폭 40cm
접착테이프(앞 포켓 입구 분량) 1.5cm 폭 30cm
고무줄 3cm 폭 46cm／50cm／54cm／58cm／62cm
단추 지름 1.1cm 5개

●박기 전 준비

· 앞 안단, 위 칼라, 칼라 밴드의 안쪽에 접착심지를 붙인다
· 팬츠 앞 포켓 입구의 시접 안쪽에 접착테이프를 붙인다
· 밑아래의 시접을 천의 겉쪽에서 지그재그 박기 한다
· 팬츠 밑단, 가슴 포켓 입구, 뒤 포켓 입구를 다리미로
  2번 접는다

●박는 법

①가슴 포켓을 만들어 단다(→ p.59)
②앞 끝을 마무리한다(→ p.59)
③뒤 몸판의 턱을 접어 요크를 단다(→ p.59)
④앞 몸판에 요크를 단다(→ p.60)
⑤칼라를 만든다(→ p.60+p.68)
⑥칼라를 단다(→ p.61)
⑦프릴을 만들어 개더를 잡아 몸판에 임시 고정한다(→ p.69)
⑧몸판의 옆을 박는다
⑨진동 둘레를 바이어스테이프로 마무리한다(→ p.64)
⑩단춧구멍을 만들고(→ p.94), 단추를 단다
⑪팬츠의 뒤 포켓을 만들어 단다(→ p.59)
⑫팬츠의 앞 포켓을 만든다(→ p.87)

●재단 배치도

＊지정된 시접 이외는 1cm

는 안쪽에 접착심지·접착테이프를 붙인다

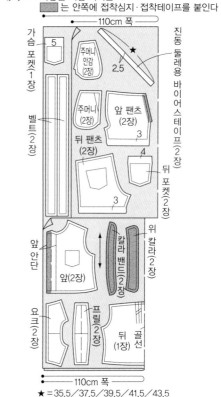

★＝35.5／37.5／39.5／41.5／43.5

●박는 순서

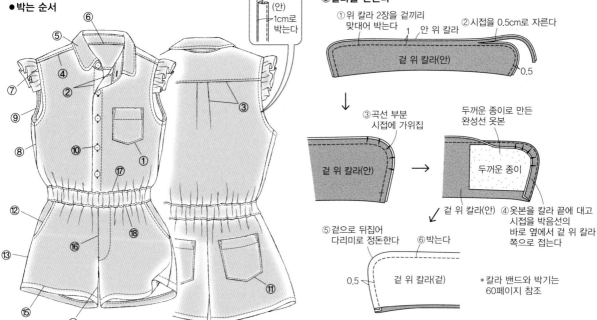

⑤칼라를 만든다

①위 칼라 2장을 겉끼리
맞대어 박는다
②시접을 0.5cm로 자른다
안 위 칼라
겉 위 칼라(안)
0.5

↓

③곡선 부분
시접에 가위집
겉 위 칼라(안)

→

두꺼운 종이로 만든
완성선 옷본
두꺼운 종이
겉 위 칼라(안)

④옷본을 칼라 끝에 대고
시접을 박음선의
바로 옆에서 겉 위 칼라
쪽으로 접는다

⑤겉으로 뒤집어
다리미로 정돈한다
⑥박는다
0.5
겉 위 칼라(겉)

＊칼라 밴드와 박기는
60페이지 참조

⑦ 프릴을 만들어 개더를 잡아 몸판에 임시 고정한다

⑰ 몸판에 개더를 잡아 벨트와 박는다

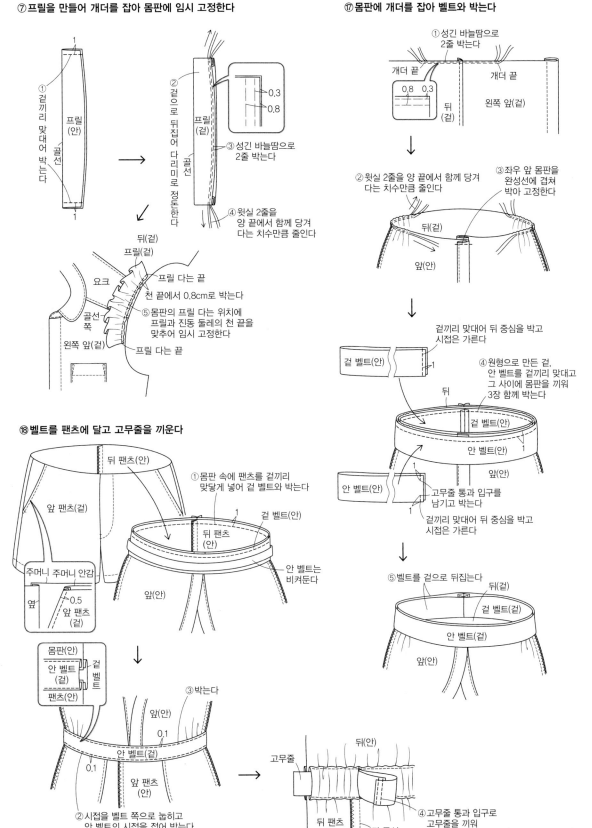

⑱ 벨트를 팬츠에 달고 고무줄을 끼운다

B-5 벨트 고리 달린 하프 팬츠
--> p.26

B-3 코듀로이 쇼트 팬츠
--> p.23

●**필요한 옷본(실물 대형 옷본 B면)**
앞 팬츠, 뒤 팬츠, 벨트, 뒤 포켓, 주머니, 주머니 안감, 앞 안단,
밑덧단
・벨트 고리는 재단 배치도에 표시된 치수를 천에 직접 그려서
자른다(B-5만)

●**재료(100／110／120／130／140 사이즈)**
B-5 벨트 고리 달린 하프 팬츠
겉감(합섬 핀스트라이프) 146cm 폭 80cm／80cm／90cm
／90cm／1m
얇은 접착심지(앞 안단, 밑덧단 분량) 20×15cm
접착테이프(앞 포켓 입구 분량) 1.5cm 폭 30cm
고무줄 3cm 폭 49cm／53cm／57cm／61cm／65cm
지퍼 길이 20cm 1개
고리단추(호크) 1쌍
B-3 코듀로이 쇼트 팬츠
겉감(코듀로이) 108cm 폭 80cm／90cm／1m／1m／1.1m
다른 천(코튼) 40×25cm
얇은 접착심지(앞 안단, 밑덧단 분량) 20×15cm
접착테이프(앞 포켓 입구 분량) 1.5cm 폭 30cm
고무줄 3cm 폭 49cm／53cm／57cm／61cm／65cm
지퍼 길이 20cm 1개
고리단추 1쌍

●**박기 전 준비**
・앞 안단, 밑덧단의 안쪽에 접착심지를 붙인다
・앞 포켓의 시접 안쪽에 접착테이프를 붙인다
・앞 안단 둘레, 밑단(B-5만), 밑위, 밑아래의 시접, 벨트 고리
한쪽 끝(B-5만)을 천의 겉쪽에서 지그재그 박기 한다
・밑단, 벨트, 뒤 포켓 입구를 다리미로 2번 접는다

●**박는 법**
①뒤 포켓을 만들어 단다(→ p.71)
②앞 포켓을 만든다(→ p.71＋p.87)
③앞 턱을 접는다(→ p.71)

④옆을 박는다(→ p.87)
⑤밑아래를 박는다(→ p.87)
⑥B-5는 밑단을 접어 박아 더블로 접는다(→ p.71)
　B-3은 2번 접어 박는다
⑦밑위를 앞뒤 이어 박고 앞 지퍼 트임을 만든다(→ p.72)
⑧벨트를 팬츠에 달고 고무줄을 단다(→ p.73)
⑨B-5는 벨트 고리를 만들어 단다(→ p.75)
⑩고리단추를 단다

●**재단 배치도**
　＊지정된 시접 이외는 1cm
　　는 안쪽에 접착심지・접착테이프를 붙인다
　　앞 안단 옷본은 천의 안쪽에 놓기 때문에
　　안쪽으로 뒤집어서 놓는다

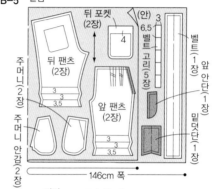

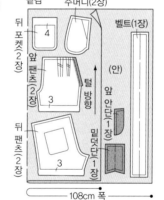

●**박기 전 준비**
B-5의 경우(B-3의 밑단은 86페이지 참조)

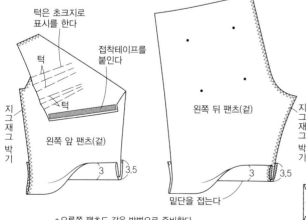

＊오른쪽 팬츠도 같은 방법으로 준비한다

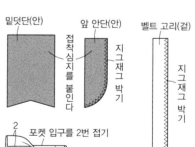

● 박는 순서

B-5

⑨ ⑧ ⑩ ② ③ ④ ⑦ ⑤ ⑥ ①

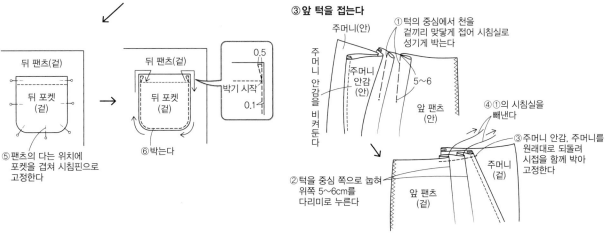

(겉)
3   3.5

B-3

⑧ ⑩ ② ③ ⑦ ④ ⑤ ⑥ ①

(안)
1.5
1.5

①뒤 포켓을 만들어 단다

①2번 접어
박는다
2
0.1
뒤 포켓
(안)
0.5   0.5
②성긴 바늘땀으로
박는다

③두꺼운 종이로 만든
완성선 옷본을
포켓 안쪽에 맞춘다
뒤 포켓
(안)
옷본
④윗실을 당겨 모서리를
둥글게 만들어 다리미로 누른다

뒤 팬츠(겉)
뒤 포켓
(겉)
⑤팬츠의 다는 위치에
포켓을 겹쳐 시침핀으로
고정한다

뒤 팬츠(겉)
박기 시작
뒤 포켓
(겉)
⑥박는다
0.5
0.1

②앞 포켓을 만든다

*B-3은 87페이지 '②앞 포켓을 만든다'의 순서로 만들지만,
B-5는 포켓 입구를 박기 때문에 순서 ④부터는 아래 그림을 참조

주머니 안감(겉)
④겉으로 뒤집어
포켓 입구를
다림질
0.5
⑤B-5만 겉에서
박는다
주머니(안)
앞 팬츠(안)

주머니(겉)
앞 팬츠(겉)
⑥아래까지 통과시켜
박아 고정한다

③앞 턱을 접는다

주머니(안)
①턱의 중심에서 천을
겉끼리 맞닿게 접어 시침실로
성기게 박는다
주
머
니
안
감
을
비
켜
둔
다
주머니
안감
(안)
5~6
앞 팬츠
(안)
②턱을 중심 쪽으로 눕혀
위쪽 5~6cm를
다리미로 누른다

④①의 시침실을
빼낸다
③주머니 안감, 주머니를
원래대로 되돌려
시접을 함께 박아
고정한다
주머니
(겉)
앞 팬츠
(겉)

⑥B-5는 밑단을 접어 박아 더블로 접는다

B-5

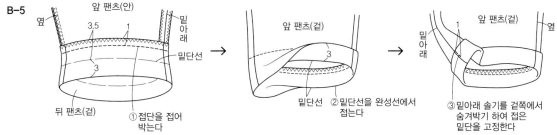

앞 팬츠(안)
옆
3.5   1
밑
아
래
밑단선
3
뒤 팬츠(겉)
①접단을 접어
박는다

앞 팬츠(겉)
3
밑단선
②밑단선을 완성선에서
접는다

앞 팬츠(겉)
옆
밑
아
래
1
③밑아래 솔기를 겉쪽에서
숨겨박기 하여 접은
밑단을 고정한다

⑦ 밑위를 앞뒤 이어 박고 앞 지퍼 트임을 만든다

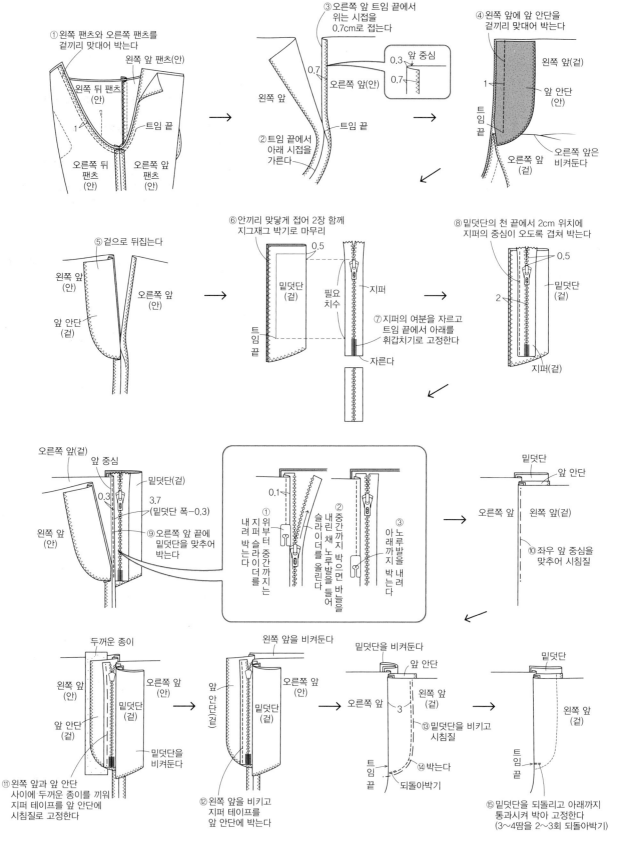

① 왼쪽 팬츠와 오른쪽 팬츠를 겉끼리 맞대어 박는다

왼쪽 앞 팬츠(안)

왼쪽 뒤 팬츠 (안)

오른쪽 뒤 팬츠 (안)

오른쪽 앞 팬츠 (안)

트임 끝

③ 오른쪽 앞 트임 끝에서 위는 시접을 0.7cm로 접는다

0.7

왼쪽 앞

② 트임 끝에서 아래 시접을 가른다

트임 끝

오른쪽 앞(안)

앞 중심

0.3

0.7

④ 왼쪽 앞에 앞 안단을 겉끼리 맞대어 박는다

왼쪽 앞(겉)

앞 안단 (안)

1

트임 끝

오른쪽 앞은 비켜둔다

오른쪽 앞 (겉)

⑤ 겉으로 뒤집는다

왼쪽 앞 (안)

오른쪽 앞 (안)

앞 안단 (겉)

⑥ 안끼리 맞닿게 접어 2장 함께 지그재그 박기로 마무리

0.5

밑덧단 (겉)

트임 끝

필요 치수

지퍼

⑦ 지퍼의 여분을 자르고 트임 끝에서 아래를 휘갑치기로 고정한다

자른다

⑧ 밑덧단의 천 끝에서 2cm 위치에 지퍼의 중심이 오도록 겹쳐 박는다

0.5

밑덧단 (겉)

2

지퍼(겉)

오른쪽 앞(겉)

앞 중심

밑덧단(겉)

0.3

3.7 (밑덧단 폭-0.3)

⑨ 오른쪽 앞 끝에 밑덧단을 맞추어 박는다

왼쪽 앞 (안)

0.1

① 위부터 중간까지는 내려 지퍼 슬라이더를 박는다

② 중간까지 박으면 바늘을 내린 채 노루발을 들어 슬라이더를 올린다

③ 아래까지 박는다 노루발을 내려

밑덧단

앞 안단

오른쪽 앞

왼쪽 앞(겉)

⑩ 좌우 앞 중심을 맞추어 시침질

두꺼운 종이

왼쪽 앞 (안)

오른쪽 앞 (안)

앞 안단 (겉)

밑덧단 (겉)

밑덧단을 비켜둔다

⑪ 왼쪽 앞과 앞 안단 사이에 두꺼운 종이를 끼워 지퍼 테이프를 앞 안단에 시침질로 고정한다

왼쪽 앞을 비켜둔다

앞 안단(겉)

오른쪽 앞 (안)

밑덧단 (겉)

⑫ 왼쪽 앞을 비키고 지퍼 테이프를 앞 안단에 박는다

밑덧단을 비켜둔다

앞 안단

오른쪽 앞

3

왼쪽 앞 (겉)

⑬ 밑덧단을 비키고 시침질

트임 끝

⑭ 박는다

되돌아박기

밑덧단

왼쪽 앞 (겉)

트임 끝

⑮ 밑덧단을 되돌리고 아래까지 통과시켜 박아 고정한다 (3~4땀을 2~3회 되돌아박기)

72

⑧ 벨트를 팬츠에 달고 고무줄을 단다

* 이해하기 쉽게 벨트는 평평한 상태로 설명한다

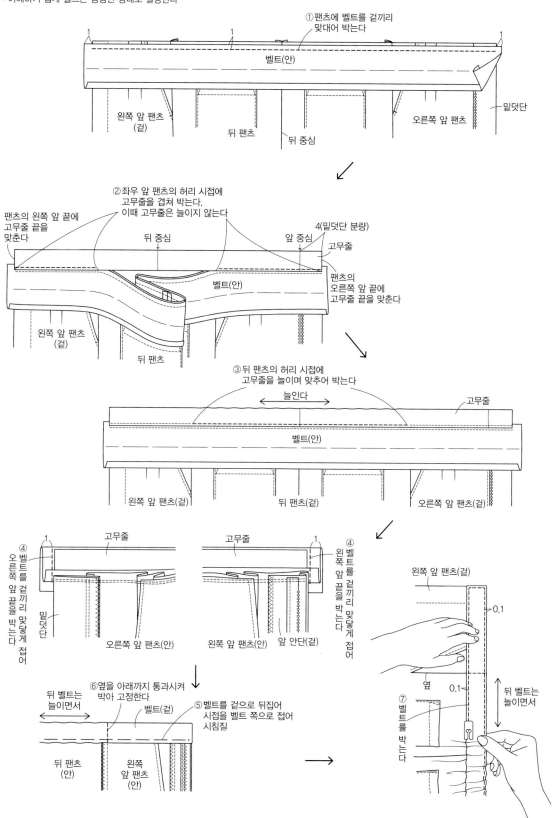

① 팬츠에 벨트를 겉끼리 맞대어 박는다

벨트(안)

왼쪽 앞 팬츠 (겉)

뒤 팬츠

뒤 중심

오른쪽 앞 팬츠

밑덧단

② 좌우 앞 팬츠의 허리 시접에 고무줄을 겹쳐 박는다. 이때 고무줄은 늘이지 않는다

팬츠의 왼쪽 앞 끝에 고무줄 끝을 맞춘다

뒤 중심

앞 중심

4(밑덧단 분량)

고무줄

벨트(안)

팬츠의 오른쪽 앞 끝에 고무줄 끝을 맞춘다

왼쪽 앞 팬츠 (겉)

뒤 팬츠

③ 뒤 팬츠의 허리 시접에 고무줄을 늘이며 맞추어 박는다

늘인다

고무줄

벨트(안)

왼쪽 앞 팬츠(겉)

뒤 팬츠(겉)

오른쪽 앞 팬츠(겉)

고무줄

④ 오른쪽 벨트를 앞 겉끼리 맞닿게 박는다 접어

밑덧단

오른쪽 앞 팬츠(안)

고무줄

왼쪽 앞 팬츠(안)

앞 안단(겉)

④ 왼쪽 벨트를 앞 겉끼리 맞닿게 박는다 접어

왼쪽 앞 팬츠(겉)

0.1

옆

0.1

뒤 벨트는 늘이면서

⑦ 벨트를 박는다

뒤 벨트는 늘이면서

⑥ 옆을 아래까지 통과시켜 박아 고정한다

벨트(겉)

⑤ 벨트를 겉으로 뒤집어 시접을 벨트 쪽으로 접어 시침질

뒤 팬츠 (안)

왼쪽 앞 팬츠 (안)

B-1 도트 무늬 팬츠
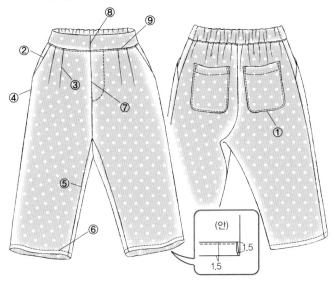
--> p.21

●필요한 옷본(실물 대형 옷본 B면)
앞 팬츠, 뒤 팬츠, 벨트, 뒤 포켓, 주머니, 주머니 안감

●재료(100／110／120／130／140 사이즈)
겉감(리넨) 110cm 폭 1.1m／1.2m／1.3m／1.4m／1.5m
다른 천(코튼) 40×25cm
접착테이프(앞 포켓 입구 분량) 1.5cm 폭 30cm
고무줄 3cm 폭 46cm／50cm／54cm／58cm／62cm

●박기 전 준비
• 앞 포켓의 시접 안쪽에 접착테이프를 붙인다
• 밑아래의 시접을 천의 겉쪽에서 지그재그 박기 한다
• 밑단, 뒤 포켓 입구를 다리미로 2번 접는다

●박는 법
①뒤 포켓을 만들어 단다(→ p.71)
②앞 포켓을 만든다(→ p.87)
③앞 턱을 접는다(→ p.71)
④옆을 박는다(→ p.87)
⑤밑아래를 박는다(→ p.87)
⑥밑단을 2번 접어 박는다
⑦밑위를 앞뒤 이어 박고 민트임을 만든다(→ p.88)
⑧벨트의 앞 중심을 박는다(→ p.88)
⑨벨트를 팬츠에 달고(→ p.88), 고무줄을 끼운다(→ p.74)

●박는 순서

●재단 배치도
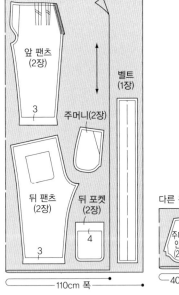
*지정된 시접 이외는 1cm
겉감   ▨는 안쪽에 접착테이프를 붙인다

앞 팬츠
(2장)
3

벨트
(1장)

주머니(2장)

뒤 팬츠
(2장)

뒤 포켓
(2장)
4

3

110cm 폭

다른 천

주머니
안감
(2장)

40cm

⑨벨트를 팬츠에 달고 고무줄을 끼운다

①남은 천을 좁게 자른 임시 테이프(나중에 떼어낸다)를
고무줄에 살짝 박아 고정한다

길이 약 20cm   길이 약 20cm

필요한 치수의 고무줄

④앞 벨트에 끼운 고무줄이
늘어나지 않도록 옆을 아래까지
통과시켜 박아 고정한다

앞 중심   앞 팬츠(겉)

②⑧벨트 다는 법은 88페이지의 순서①~③을 참조해 벨트를 팬츠에 달고 고무줄을 끼운다의

남은 통 3cm 과 기 고 입 무 고 구 줄 로 박 를 는 다

③고무줄 통과 입구로 ①에서 만든 고무줄을 끼운다

뒤 중심

뒤 팬츠
(안)

앞 팬츠(겉)

옆

뒤 팬츠
(안)

옆

⑤임시 테이프를 당겨 고무줄 끝이 나오면
임시 테이프는 떼어낸다
⑥고무줄의 끝을 1cm 겹쳐 박는다
(→ 88페이지 참조)

B-2 데님 팬츠
--> p.22

●필요한 옷본(실물 대형 옷본 B, D면)
B면…앞 팬츠, 뒤 팬츠, 벨트, 주머니, 주머니 안감
D면…뒤 포켓
• 벨트 고리는 재단 배치도에 표시된 치수를 천에 직접 그려서 자른다

●재료(100／110／120／130／140 사이즈)
겉감(데님) 116cm 폭 1.2m／1.3m／1.5m／1.6m／1.7m
다른 천(코튼) 40×25cm
접착테이프(앞 포켓 입구 분량) 1.5cm 폭 30cm
고무줄 3cm 폭 46cm／50cm／54cm／58cm／62cm
• 겉쪽 박음선은 20번(갈색) 재봉실을 사용

●박기 전 준비
• 앞 포켓의 시접 안쪽에 접착테이프를 붙인다
• 밑아래의 시접, 벨트 고리 한쪽 끝을 천의 겉쪽에서
  지그재그 박기 한다
• 밑단, 뒤 포켓 입구를 다리미로 2번 접는다

●박는 법
①뒤 포켓을 만들어 단다(→ p.59)
②앞 포켓을 만든다(→ p.75＋p.87)
③앞 턱을 접는다(→ p.71)
④옆을 박는다(→ p.87)
⑤밑아래를 박는다(→ p.87)
⑥밑단을 2번 접어 박는다
⑦밑위를 앞뒤 이어 박고 민트임을 만든다(→ p.88)
⑧벨트의 앞 중심을 박는다(→ p.88)
⑨벨트를 팬츠에 달고 고무줄을 끼운다(→ p.88)
  허리 벨트를 박는다
⑩벨트 고리를 만들어 단다(→ p.75)

●재단 배치도
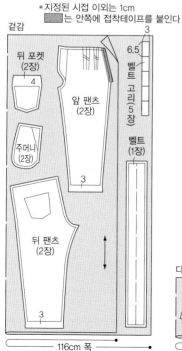

*지정된 시접 이외는 1cm
▨는 안쪽에 접착테이프를 붙인다

겉감

뒤 포켓
(2장)
4

앞 팬츠
(2장)
3

벨트
고리
(5장)

6.5
3

벨트
(1장)

주머니
(2장)

뒤 팬츠
(2장)
3

— 116cm 폭 —

다른 천

주머니
안감
(2장)
—40cm—

●박는 순서
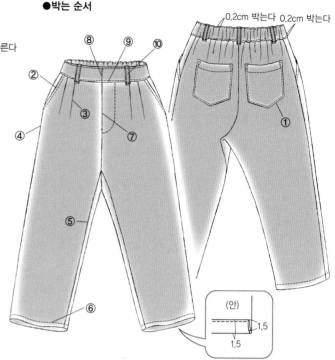

0.2cm 박는다 0.2cm 박는다

⑧ ⑨ ⑩
②
③
④
⑦
⑤
①
⑥

(안)
1.5
1.5

②앞 포켓을 만든다
*박는 법 순서 ①~③은 87페이지 '②앞 포켓을 만든다'를 참조

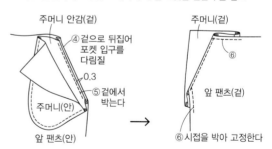

주머니 안감(겉)
④겉으로 뒤집어
포켓 입구를
다림질
0.3
주머니(안)
⑤겉에서
박는다
앞 팬츠(안)

주머니(겉)
⑥
앞 팬츠(겉)
⑥시접을 박아 고정한다

⑩벨트 고리를 만들어 단다
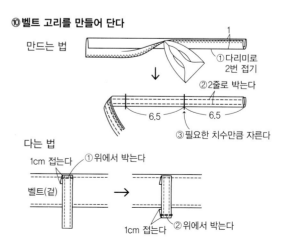

만드는 법
1
①다리미로
2번 접기
②2줄로 박는다
6.5 6.5
③필요한 치수만큼 자른다

다는 법
1cm 접는다 ①위에서 박는다
벨트(겉)
1cm 접는다 ②위에서 박는다

B-4 서스펜더 팬츠
--> p.24

●필요한 옷본(실물 대형 옷본 B면)
앞 팬츠, 뒤 팬츠, 벨트, 뒤 포켓, 주머니, 주머니 안감, 멜빵, 프릴

●재료(100／110／120／130／140 사이즈)
겉감(면마 덩거리) 110cm 폭 1.3m／1.4m／1.5m／1.7m／1.8m
다른 천(코튼) 40×25cm
접착테이프(앞 포켓 입구 분량) 1.5cm 폭 30cm
고무줄 3cm 폭 46cm／50cm／54cm／58cm／62cm
단추 지름 1.5cm 2개
둥근 고무줄 6cm

●박기 전 준비
• 앞 포켓의 시접 안쪽에 접착테이프를 붙인다
• 밑아래의 시접을 천의 겉쪽에서 지그재그 박기 한다
• 밑단, 뒤 포켓 입구를 다리미로 2번 접는다

●박는 법
① 뒤 포켓을 만들어 단다(→ p.71)
② 앞 포켓을 만든다(→ p.87)
③ 앞 턱을 접는다(→ p.71)
④ 옆을 박는다(→ p.87)
⑤ 밑아래를 박는다(→ p.87)
⑥ 밑단을 2번 접어 박는다
⑦ 밑위를 앞뒤 이어 박고 민트임을 만든다(→ p.88)
⑧ 벨트의 앞 중심을 박는다(→ p.88)
⑨ 벨트를 팬츠에 달고(→ p.88), 고무줄을 끼운다(→ p.74)
⑩ 멜빵을 만들어 단다(→ p.76)

●박는 순서
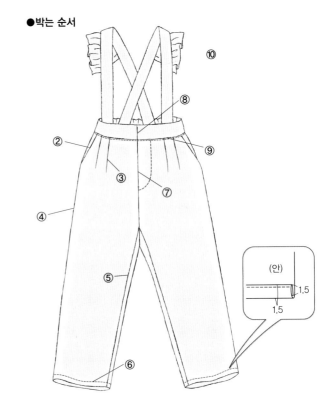

●재단 배치도
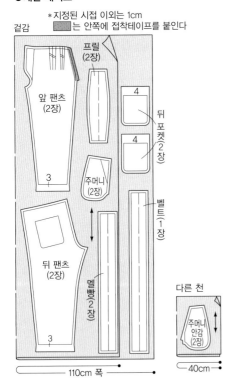

＊지정된 시접 이외는 1cm
겉감 ▨ 는 안쪽에 접착테이프를 붙인다

프릴(2장)
앞 팬츠(2장)
뒤 포켓(2장) 4 4
주머니(2장)
벨트(1장)
뒤 팬츠(2장)
멜빵(2장)
다른 천
주머니 안감(2장)
110cm 폭
40cm

⑩ 멜빵을 만들어 단다
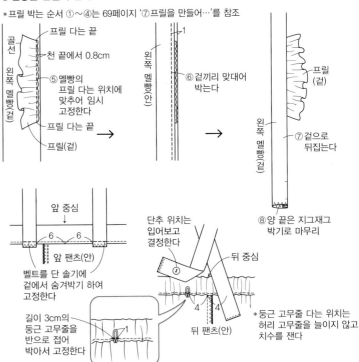

＊프릴 박는 순서 ①～④는 69페이지 '⑦프릴을 만들어…'를 참조

C-1 헨리 넥 셔츠
--> p.31

C-3 헨리 넥 반소매 셔츠
--> p.34

●필요한 옷본(실물 대형 옷본 C면)
앞, 뒤, 소매, 오른쪽 앞 덧단, 왼쪽 앞 덧단,
앞 목둘레 천, 뒤 목둘레 천

●재료(100／110／120／130／140 사이즈)
C-1 헨리 넥 셔츠
겉감(리넨) 100cm 폭 1m／1.1m／1.2m／1.2m／1.3m
얇은 접착심지(덧단, 목둘레 천 분량) 90cm 폭 20cm
단추 지름 1.2cm 3개
C-3 헨리 넥 반소매 셔츠
겉감(면마 스트라이프) 110cm 폭 90cm／90cm／
1m／1.1m／1.1m
얇은 접착심지(덧단, 목둘레 천 분량) 90cm 폭 20cm
단추 지름 1.1cm 3개

●박기 전 준비
· 어깨, 옆, 소매 밑의 시접을 천의 겉쪽에서
  지그재그 박기 한다
· 덧단, 목둘레 천의 안쪽에 접착심지를 붙인다
· 소맷부리와 밑단을 다리미로 2번 접는다

●박는 법
①어깨를 박는다(→ p.78)
②목둘레 천의 어깨를 박아 목둘레에 단다(→ p.79)
③앞 덧단 틈임을 만든다(→ p.78)
④소매를 몸판에 단다(→ p.79)
⑤소매 밑과 옆을 이어 박는다(→ p.79)
⑥소맷부리를 마무리한다. C-1은 소맷부리를 2번 접어 박고,
  C-3은 소맷부리를 접어 박아 커프스를 접는다(→ p.79)
⑦틈임을 박는다
⑧밑단을 2번 접어 박는다(→ p.79)
⑨단춧구멍을 만들고(→ p.94), 단추를 단다

●박기 전 준비
C-1의 경우

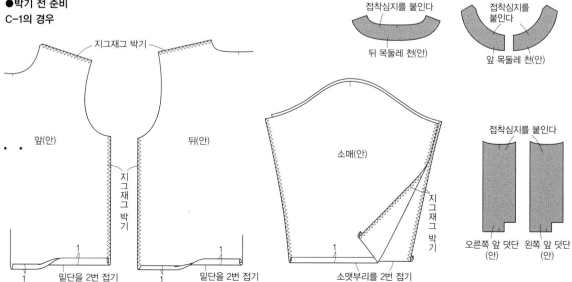

●재단 배치도

*지정된 시접 이외는 1cm
■ 는 안쪽에 접착심지를 붙인다
*좌우 덧단은 천의 안쪽에 놓기 때문에 안쪽으로 뒤집어서 놓는다

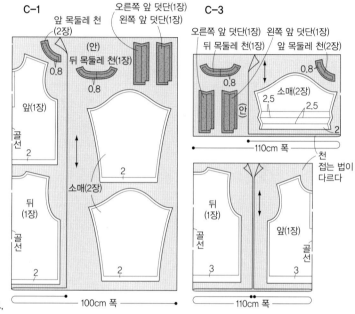

●박는 순서

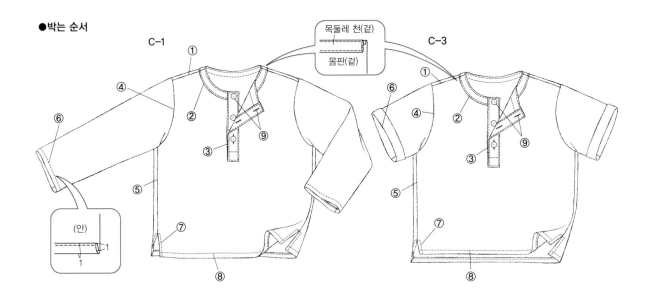

C-1

목둘레 천(겉)
몸판(겉)

C-3

① 어깨를 박는다

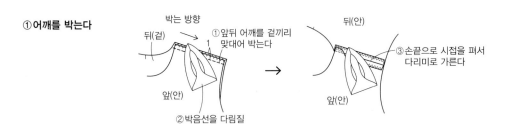

박는 방향

뒤(겉)

①앞뒤 어깨를 겉끼리 맞대어 박는다

②박음선을 다림질

앞(안)

뒤(안)

③손끝으로 시접을 펴서 다리미로 가른다

앞(안)

③앞 덧단 트임을 만든다

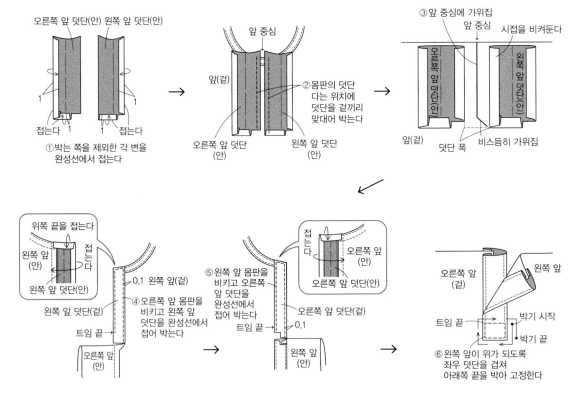

오른쪽 앞 덧단(안) 왼쪽 앞 덧단(안)

①박는 쪽을 제외한 각 변을 완성선에서 접는다

접는다   접는다

앞 중심

앞(겉)

②몸판의 덧단 다는 위치에 덧단을 겉끼리 맞대어 박는다

오른쪽 앞 덧단(안)   왼쪽 앞 덧단(안)

③앞 중심에 가위집
앞 중심
시접을 비켜둔다

오른쪽 앞 덧단(안)   왼쪽 앞 덧단(안)

앞(겉)

덧단 폭   비스듬히 가위집

위쪽 끝을 접는다

왼쪽 앞(안)
접는다
왼쪽 앞 덧단(안)

0.1 왼쪽 앞(겉)

④오른쪽 앞 몸판을 비키고 왼쪽 앞 덧단을 완성선에서 접어 박는다

왼쪽 앞 덧단(겉)

트임 끝

오른쪽 앞(안)

접는다

오른쪽 앞(안)

오른쪽 앞 덧단(안)

⑤왼쪽 앞 몸판을 비키고 오른쪽 앞 덧단을 완성선에서 접어 박는다

오른쪽 앞 덧단(겉)

트임 끝   0.1

왼쪽 앞(안)

오른쪽 앞(겉)   왼쪽 앞

트임 끝   박기 시작
박기 끝

⑥왼쪽 앞이 위가 되도록 좌우 덧단을 겹쳐 아래쪽 끝을 박아 고정한다

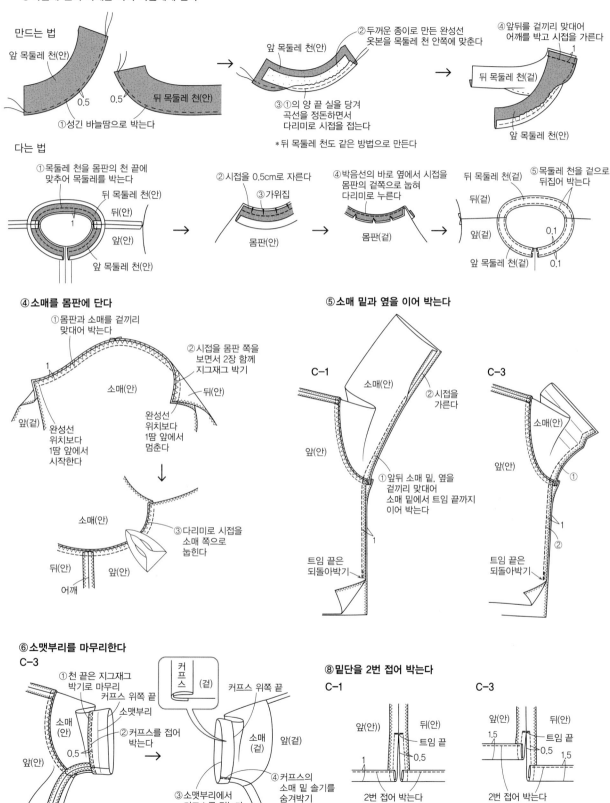

② 목둘레 천의 어깨를 박아 목둘레에 단다

만드는 법
앞 목둘레 천(안)
0.5
0.5
뒤 목둘레 천(안)
①성긴 바늘땀으로 박는다

②두꺼운 종이로 만든 완성선 옷본을 목둘레 천 안쪽에 맞춘다
앞 목둘레 천(안)
③①의 양 끝 실을 당겨 곡선을 정돈하면서 다리미로 시접을 접는다
*뒤 목둘레 천도 같은 방법으로 만든다

④앞뒤를 겉끼리 맞대어 어깨를 박고 시접을 가른다
1
뒤 목둘레 천(겉)
앞 목둘레 천(안)

다는 법
①목둘레 천을 몸판의 천 끝에 맞추어 목둘레를 박는다
뒤 목둘레 천(안)
뒤(안)
1
앞(안)
앞 목둘레 천(안)

②시접을 0.5cm로 자른다
③가위집
몸판(안)

④박음선의 바로 옆에서 시접을 몸판의 겉쪽으로 눕혀 다리미로 누른다
몸판(겉)

뒤 목둘레 천(겉)
⑤목둘레 천을 겉으로 뒤집어 박는다
뒤(겉)
앞(겉)
0.1
앞 목둘레 천(겉)
0.1

④ 소매를 몸판에 단다
①몸판과 소매를 겉끼리 맞대어 박는다
②시접을 몸판 쪽을 보면서 2장 함께 지그재그 박기
1
소매(안)
뒤(안)
앞(겉)
완성선 위치보다 1땀 앞에서 시작한다
완성선 위치보다 1땀 앞에서 멈춘다

소매(안)
③다리미로 시접을 소매 쪽으로 눕힌다
뒤(안)
앞(안)
어깨

⑤ 소매 밑과 옆을 이어 박는다
C-1
소매(안)
②시접을 가른다
앞(안)
①앞뒤 소매 밑, 옆을 겉끼리 맞대어 소매 밑에서 트임 끝까지 이어 박는다
1
트임 끝은 되돌아박기

C-3
소매(안)
앞(안)
①
1
②
트임 끝은 되돌아박기

⑥ 소맷부리를 마무리한다
C-3
①천 끝은 지그재그 박기로 마무리
커프스 위쪽 끝
소매(안)
소맷부리
②커프스를 접어 박는다
0.5
앞(안)
③소맷부리에서 커프스를 접는다
커프스(겉)
커프스 위쪽 끝
소매(겉)
앞(겉)
④커프스의 소매 밑 솔기를 숨겨박기

⑧ 밑단을 2번 접어 박는다
C-1
앞(안)
뒤(안)
트임 끝
0.5
1
2번 접어 박는다

C-3
앞(안)
뒤(안)
1.5
트임 끝
0.5
1.5
2번 접어 박는다

79

C-2 스목 블라우스

--> p.32

●필요한 옷본(실물 대형 옷본 C면)
앞, 뒤, 소매, 앞뒤 페플럼, 앞 안단, 뒤 안단

●재료(100／110／120／130／140 사이즈)
겉감(코튼) 108cm 폭 1.1m／1.2m／1.3m／1.4m／1.5m
얇은 접착심지(안단 분량) 90cm 폭 20cm
똑딱단추 지름 0.8cm 1쌍

●박기 전 준비
• 안단의 안쪽에 접착심지를 붙인다
• 몸판 어깨, 옆, 페플럼 옆, 소매 밑의 시접을 천의 겉쪽에서
  지그재그 박기 한다
• 소맷부리, 밑단을 다리미로 2번 접는다

●박는 법
① 어깨를 박는다(→ p.78)
② 안단의 어깨를 박는다(→ p.81)
③ 몸판에 안단을 맞추어 목둘레와 뒤트임을 박는다(→ p.81)
④ 소매를 몸판에 단다(→ p.79)
⑤ 페플럼에 개더를 잡아 몸판에 단다(→ p.80)
⑥ 소매 밑과 옆을 이어 박는다(→ p.80)
⑦ 소맷부리를 2번 접어 박는다
⑧ 밑단을 2번 접어 박는다
⑨ 똑딱단추를 단다

●재단 배치도

*지정된 시접 이외는 1cm
▨ 는 안쪽에 접착심지를 붙인다

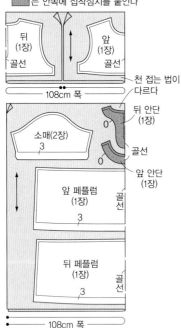

뒤(1장) 골선
앞(1장) 골선
천 접는 법이 다르다
108cm 폭

소매(2장) 3
뒤 안단(1장)
골선
앞 안단(1장)
앞 페플럼(1장) 골선 3
뒤 페플럼(1장) 골선 3
108cm 폭

●박는 순서

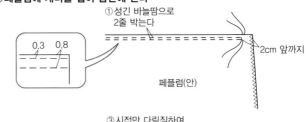

오목 똑딱단추
볼록 똑딱단추
①②③④⑤⑥⑦⑧⑨

(안) 1.5 / 1.5

⑤페플럼에 개더를 잡아 몸판에 단다

①성긴 바늘땀으로 2줄 박는다
0.3 0.8
2cm 앞까지
페플럼(안)

③시접만 다림질하여 개더를 누른다
페플럼(안)
②윗실 2줄을 양쪽에서 함께 당겨 몸판에 다는 치수만큼 줄인다

④몸판에 페플럼을 겉끼리 맞대어 시침핀으로 고정한다
⑤박는다
몸판(안)
페플럼(안)

⑥소매 밑과 옆을 이어 박는다

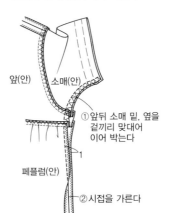

앞(안)
소매(안)
①앞뒤 소매 밑, 옆을 겉끼리 맞대어 이어 박는다
페플럼(안)
②시접을 가른다

⑥시접을 페플럼 쪽을 보면서 2장 함께 지그재그 박기
페플럼(안)
몸판

⑦시접을 몸판 쪽으로 눕힌다
몸판(안)
페플럼(안)

C-5 포켓 달린 블라우스

●필요한 옷본(실물 대형 옷본 C면)
앞, 뒤, 소매, 포켓, 앞 안단, 뒤 안단

●재료(100／110／120／130／140 사이즈)
겉감(코튼) 110cm 폭 1m／1m／1.1m／1.2m／1.2m
얇은 접착심지(안단 분량) 90cm 폭 20cm
똑딱단추 지름 0.8cm 1쌍

●박기 전 준비
• 안단의 안쪽에 접착심지를 붙인다
• 어깨, 옆, 소매 밑의 시접을 천의 겉쪽에서 지그재그 박기 한다
• 소맷부리, 밑단, 포켓 입구를 다리미로 2번 접는다

●박는 법
①포켓을 만들어 단다
②어깨를 박는다(→ p.78)
③안단의 어깨를 박는다(→ p.81)
④몸판에 안단을 맞추어
　목둘레와 뒤트임을 박는다(→ p.81)
⑤소매를 몸판에 단다(→ p.79)
⑥소매 밑과 옆을 이어 박는다
⑦소맷부리를 2번 접어 박는다
⑧밑단을 2번 접어 박는다
⑨똑딱단추를 단다

●박는 순서

●재단 배치도

*지정된 시접 이외는 1cm
　는 안쪽에 접착심지를 붙인다

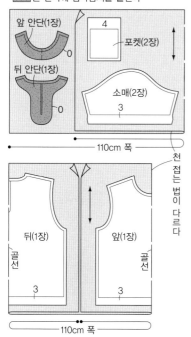

●③안단의 어깨를 박는다

●④몸판에 안단을 맞추어 목둘레와 뒤트임을 박는다

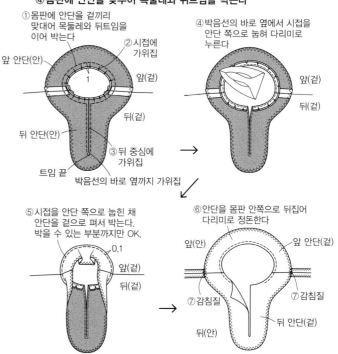

C-4 이음선 있는 원피스
--> p.34

●필요한 옷본(실물 대형 옷본 C, A면)
C면…앞, 뒤, 소매, 앞뒤 스커트, 앞 안단, 뒤 안단
A면…주머니 안감

●재료(100／110／120／130／140 사이즈)
겉감(리넨) 110cm 폭 1.1m／1.2m／1.3m／1.4m／1.5m
얇은 접착심지(안단 분량) 90cm 폭 20cm
접착테이프(오른쪽 앞 포켓 입구 분량) 1.5cm 폭 15cm
구슬 레이스 1cm 폭 2.2m／2.3m／2.5m／2.6m／2.7m
고무줄 0.6cm 폭 허리 62cm／64cm／66cm／68cm／70cm
　　　　　　소맷부리 51cm／53cm／55cm／57cm／59cm
똑딱단추 지름 0.8cm 1쌍

●박기 전 준비
• 안단의 안쪽에 접착심지를 붙인다
• 오른쪽 앞 포켓 입구의 시접 안쪽에 접착테이프를 붙인다
• 몸판 어깨, 옆, 스커트 옆, 밑단, 소매 밑, 주머니 안감 옆의
　시접을 천의 겉쪽에서 지그재그 박기 한다
• 소맷부리는 2번 접고, 밑단은 완성선에서 각각 다리미로 접는다

●박는 법
①어깨를 박는다(→ p.78)
②안단의 어깨를 박는다(→ p.81)
③몸판에 안단을 맞추어 목둘레와 뒤트임을 박는다(→ p.82)
④소매를 몸판에 단다(→ p.79)
⑤스커트에 개더를 잡아 몸판에 단다(→ p.80)
⑥허리에 고무줄을 단다(→ p.83)
⑦소매 밑과 옆을 이어 박고 오른쪽 옆에 포켓을 단다(→ p.83)
⑧소맷부리를 2번 접어 박고 고무줄을 끼운다(→ p.83)
⑨밑단을 접어 박는다
⑩똑딱단추를 단다

●재단 배치도

*지정된 시접 이외는 1cm
　　는 안쪽에 접착심지·접착테이프를 붙인다

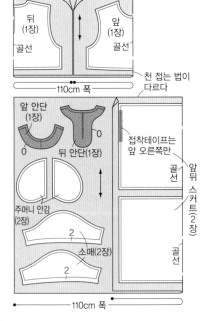

●박는 순서

③몸판에 안단을 맞추어 목둘레와 뒤트임을 박는다

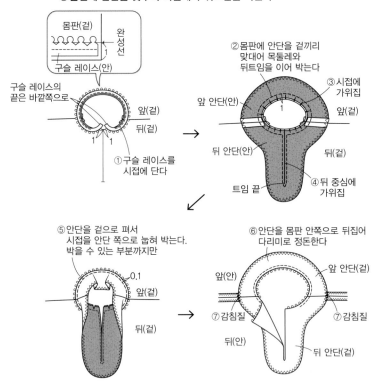

⑥허리에 고무줄을 단다

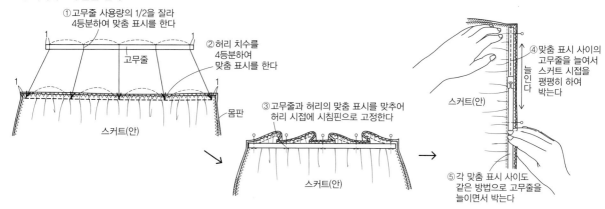

①고무줄 사용량의 1/2을 잘라 4등분하여 맞춤 표시를 한다

고무줄

②허리 치수를 4등분하여 맞춤 표시를 한다

몸판

스커트(안)

③고무줄과 허리의 맞춤 표시를 맞추어 허리 시접에 시침핀으로 고정한다

스커트(안)

④맞춤 표시 사이의 고무줄을 늘여서 스커트 시접을 평평히 하여 박는다

늘인다

스커트(안)

⑤각 맞춤 표시 사이도 같은 방법으로 고무줄을 늘이면서 박는다

⑦소매 밑과 옆을 이어 박고 오른쪽 옆에 포켓을 단다

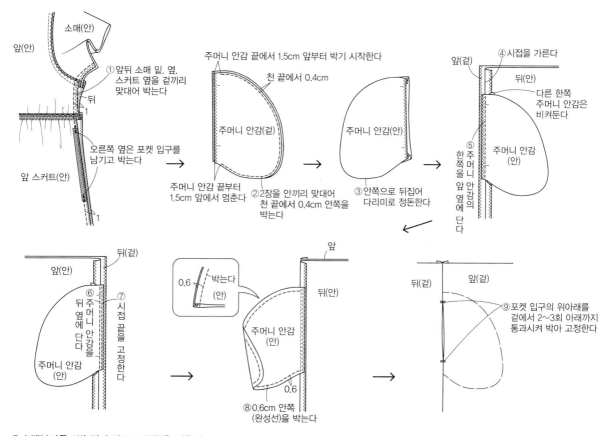

소매(안)

앞(안)

①앞뒤 소매 밑, 옆, 스커트 옆을 겉끼리 맞대어 박는다

뒤
1

오른쪽 옆은 포켓 입구를 남기고 박는다

앞 스커트(안)

1

주머니 안감 끝에서 1.5cm 앞부터 박기 시작한다

천 끝에서 0.4cm

주머니 안감(겉)

주머니 안감 끝부터 1.5cm 앞에서 멈춘다

②2장을 안끼리 맞대어 천 끝에서 0.4cm 안쪽을 박는다

주머니 안감(안)

③안쪽으로 뒤집어 다리미로 정돈한다

④시접을 가른다

앞(겉)

뒤(안)

다른 한쪽 주머니 안감은 비켜둔다

⑤한쪽 주머니 안감을 앞옆에 단다

주머니 안감(안)

앞(안)

뒤(겉)

⑥뒤옆에 주머니 안감을 단다

⑦시접 끝을 고정한다

주머니 안감(안)

0.6

박는다 (안)

앞

뒤(안)

주머니 안감(안)

0.6

⑧0.6cm 안쪽(완성선)을 박는다

뒤(겉)

앞(겉)

⑨포켓 입구의 위아래를 겉에서 2~3회 아래까지 통과시켜 박아 고정한다

⑧소맷부리를 2번 접어 박고 고무줄을 끼운다

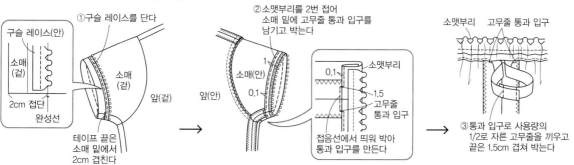

구슬 레이스(안)

소매(겉)

2cm 접단

완성선

①구슬 레이스를 단다

소매(겉)

앞(겉)

테이프 끝은 소매 밑에서 2cm 겹친다

②소맷부리를 2번 접어 소매 밑에 고무줄 통과 입구를 남기고 박는다

1

소매(안)

앞(안)

0.1

0.1

소맷부리

1.5 고무줄 통과 입구

접음선에서 띄워 박아 통과 입구를 만든다

소맷부리   고무줄 통과 입구

③통과 입구로 사용량의 1/2로 자른 고무줄을 끼우고 끝은 1.5cm 겹쳐 박는다

83

C-6 프릴 소매 원피스

--> p.38

● **필요한 옷본(실물 대형 옷본 C, A면)**
C면⋯앞, 뒤, 소매, 앞 안단, 뒤 안단 A면⋯주머니 안감

● **재료(100／110／120／130／140 사이즈)**
겉감(코튼 더블 거즈) 106cm 폭 1m／1.1m／1.2m
／1.3m／1.4m
다른 천(코튼) 40×25cm
얇은 접착심지(안단 분량) 90cm 폭 20cm
접착테이프(오른쪽 앞 포켓 입구 분량) 1.5cm 폭 15cm
리본 0.6cm 폭 90cm／1m／1.1m／1.2m／1.3m
똑딱단추 지름 0.8cm 1쌍

● **몸판과 소매 옷본 절개 방법과 배치법**
각 옷본의 절개선을 잘라 천 위에 지정된 치수만큼 평행으로
벌려서 놓는다. 벌어진 부분의 선은 이어둔다. 지정된 재료의
경우 120~140 사이즈 몸판은 ☆만큼 절개 분량을 벌리면 원단
폭이 부족하기 때문에 조금 적게 벌려 조절하거나 옷 길이+시
접 분량을 추가로 준비한다. 또는 폭이 넓은 천을 사용한다.

● **박기 전 준비**
• 안단의 안쪽에 접착심지를 붙인다
• 오른쪽 앞 포켓 입구의 시접 안쪽에 접착테이프를 붙인다
• 어깨, 옆, 소매 밑, 주머니 안감 옆의 시접을 천의 겉쪽에서
  지그재그 박기 한다
• 소맷부리, 밑단을 다리미로 2번 접는다

● **박는 법**
①어깨를 박는다(→ p.78)
②안단의 어깨를 박는다(→ p.81)
③몸판에 안단을 맞추어 목둘레와 뒤트임을 박는다(→ p.81)
④소매에 개더를 잡아 몸판에 단다(→ p.84)
⑤소매 밑과 옆을 이어 박고(→ p.84),
  오른쪽 옆에 포켓을 단다(→ p.83)
⑥소맷부리를 2번 접어 박는다
⑦밑단을 2번 접어 박는다
⑧똑딱단추를 단다

● **재단 배치도**

＊지정된 시접 이외는 1cm
　는 안쪽에 접착심지·접착테이프를 붙인다

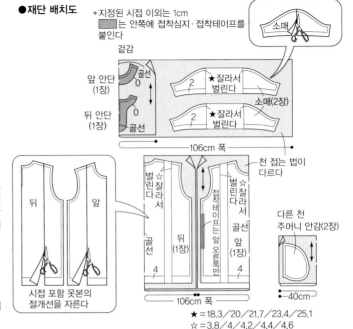

★=18.3／20／21.7／23.4／25.1
☆=3.8／4／4.2／4.4／4.6

④**소매에 개더를 잡아 몸판에 단다**

⑤**소매 밑과 옆을 이어 박고
오른쪽 옆에 포켓을 단다**

● **박는 순서**

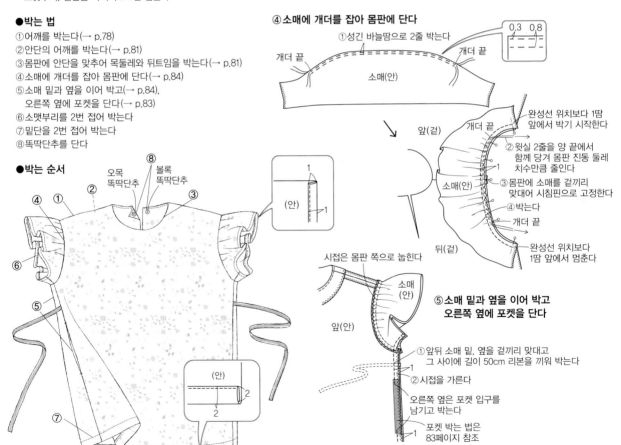

84

C-7 프릴 칼라 원피스

-→ p.40

● **필요한 옷본(실물 대형 옷본 C, A면)**
C면…앞, 뒤, 소매, 프릴, 앞 안단, 뒤 안단
A면…앞뒤 스커트, 주머니 안감

● **재료(100／110／120／130／140 사이즈)**
겉감(면 론) 110cm 폭 1.7m／1.8m／1.9m／2m／2.1m
다른 천(코튼) 40×25cm
얇은 접착심지(안단 분량) 90cm 폭 20cm
접착테이프(오른쪽 앞 포켓 입구 분량) 1.5cm 폭 15cm
똑딱단추 지름 0.8cm 1쌍

● **소매 옷본 절개 방법과 배치법**
옷본의 절개선을 잘라 천 위에 지정된 치수만큼 평행으로 벌려서
놓는다. 벌어진 부분의 선은 이어둔다

● **박기 전 준비**
• 안단의 안쪽에 접착심지를 붙인다
• 오른쪽 앞 포켓 입구의 시접 안쪽에 접착테이프를 붙인다
• 몸판 어깨, 옆, 스커트 옆, 소매 밑, 주머니 안감 옆의 시접을
  천의 겉쪽에서 지그재그 박기 한다
• 소맷부리, 밑단은 다리미로 2번 접는다

● **박는 법**
①어깨를 박는다(→ p.78)
②안단의 어깨를 박는다(→ p.81)
③프릴에 개더를 잡아 몸판에 겹쳐서
  목둘레와 뒤트임을 박는다(→ p.85)
④소매에 개더를 잡아 몸판에 단다(→ p.84)
⑤스커트에 개더를 잡아 몸판에 단다(→ p.80)
⑥소매 밑과 옆을 이어 박고 오른쪽 옆에 포켓을 단다(→ p.83)
⑦소맷부리를 2번 접어 박는다
⑧밑단을 2번 접어 박는다
⑨똑딱단추를 단다

● **재단 배치도**

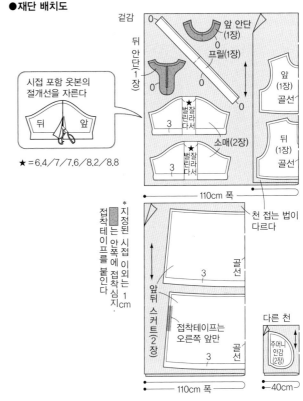

시접 포함 옷본의 절개선을 자른다

★=6.4／7／7.6／8.2／8.8

천 접는 법이 다르다

*지정된 시접 이외는 1cm

접착테이프를 붙인다

접착테이프는 오른쪽 앞만

● **박는 순서**

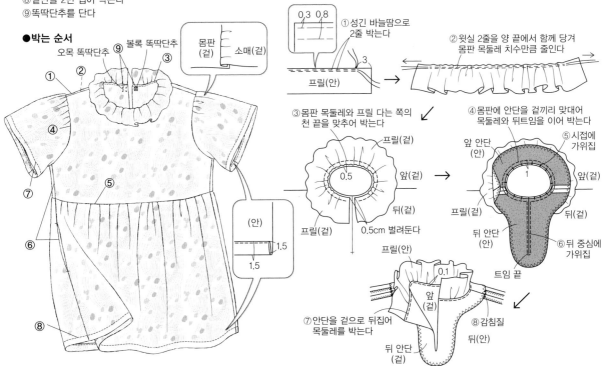

③프릴에 개더를 잡아 몸판에 겹쳐서 목둘레와 뒤트임을 박는다

①성긴 바늘땀으로 2줄 박는다

②윗실 2줄을 양 끝에서 함께 당겨 몸판 목둘레 치수만큼 줄인다

③몸판 목둘레와 프릴 다는 쪽의 천 끝을 맞추어 박는다

0.5cm 벌려둔다

④몸판에 안단을 겉끼리 맞대어 목둘레와 뒤트임을 이어 박는다
⑤시접에 가위집
⑥뒤 중심에 가위집

⑦안단을 겉으로 뒤집어 목둘레를 박는다
⑧감침질

85

D-1 체크무늬 하프 팬츠
--> p.45

D-4 치노 팬츠
--> p.48

●필요한 옷본(실물 대형 옷본 D, B면)
D면…앞 팬츠, 뒤 팬츠, 벨트, 뒤 포켓
B면…주머니, 주머니 안감

●재료(100／110／120／130／140 사이즈)
D-1 체크무늬 하프 팬츠
겉감(코튼) 110cm 폭 80cm／90cm／1m／1.1m／1.2m
다른 천(코튼) 40×25cm
접착테이프(앞 포켓 입구 분량) 1.5cm 폭 30cm
고무줄 3cm 폭 46cm／50cm／54cm／58cm／62cm

D-4 치노 팬츠
겉감(치노 스트레치) 140cm 폭 80cm／90cm／1.1m／1.2m
／1.3m
다른 천(코튼 덩거리) 40×25cm
접착테이프(앞 포켓 입구 분량) 1.5cm 폭 30cm
고무줄 3cm 폭 46cm／50cm／54cm／58cm／62cm

●박기 전 준비
· 앞 포켓의 시접 안쪽에 접착테이프를 붙인다
· 밑아래의 시접을 천의 겉쪽에서 지그재그 박기 한다
· 밑단, 뒤 포켓 입구를 다리미로 2번 접는다

●박는 법
①뒤 포켓을 만들어 단다(→ p.59)
②앞 포켓을 만든다(→ p.87)
③옆을 박는다(→ p.87)
④밑아래를 박는다(→ p.87)
⑤밑단을 2번 접어 박는다
⑥밑위를 앞뒤 이어 박고 민트임을 만든다(→ p.88)
⑦벨트의 앞 중심을 박는다(→ p.88)
⑧벨트를 팬츠에 달고 고무줄을 끼운다(→ p.88)

●박기 전 준비
D-1의 경우(D-4도 같은 방법)

●재단 배치도
*지정된 시접 이외는 1cm
▨는 안쪽에 접착테이프를 붙인다

겉감

D-1

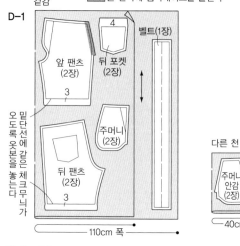

다른 천

D-4 겉감

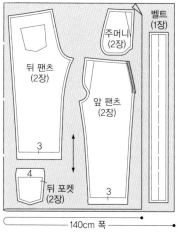

다른 천

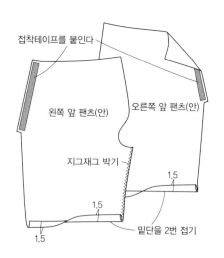

접착테이프를 붙인다

왼쪽 앞 팬츠(안)

오른쪽 앞 팬츠(안)

지그재그 박기

1.5

1.5

1.5

밑단을 2번 접기

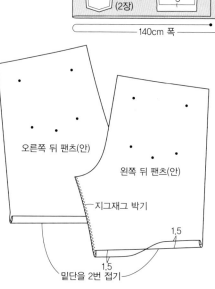

오른쪽 뒤 팬츠(안)

왼쪽 뒤 팬츠(안)

지그재그 박기

1.5

1.5

밑단을 2번 접기

포켓 입구를
2번 접기

2

2

뒤 포켓
(안)

●박는 순서

D-1

⑦ ⑧
② ⑥
③
④
⑤

D-4

⑦ ⑧
②
③ ⑥
④
⑤

D-1, D-4
뒤

①

② 앞 포켓을 만든다

주머니(안)

주머니 안감
(겉)

0.4

① 주머니와 주머니 안감을 안끼리 맞대어
천 끝에서 0.4cm 안쪽을 박는다

주머니(겉)

주머니 안감
(안)

0.6
0.6

② 안쪽으로 뒤집어 다리미로 정돈한 뒤
0.6cm 안쪽(완성선)을 박는다

1.5cm 폭
접착테이프

포켓 입구

앞 팬츠
(안)

포켓 입구의 천 끝에
접착테이프를 맞추어 붙인다

③ 앞 팬츠의 포켓 입구에
주머니 안감을 겉끼리 맞대어 박는다

주머니 안감
(안)

주머니는
비켜둔다

앞 팬츠(겉)

주머니 안감(겉)

④ 겉으로 뒤집어
포켓 입구를
다림질

주머니(안)

앞 팬츠(안)

주머니(겉)

⑤

앞 팬츠(겉)

⑤ 시접을 박아 고정한다

③ 옆을 박는다

뒤 팬츠(겉)

주머니
(안)

① 옆을 박는다 앞뒤를 겉끼리 맞대어

앞 팬츠(안)

1

주머니
(안)

② 시접은 2장 함께
지그재그 박기 하여
뒤쪽으로 눕힌다

앞 팬츠(안)

뒤 팬츠(안)

④ 밑아래를 박는다

앞 팬츠(겉)

뒤 팬츠(안)

① 앞뒤를 겉끼리
맞대어 밑아래를
박는다

1

② 시접을 가른다

⑥밑위를 앞뒤 이어 박고 민트임을 만든다

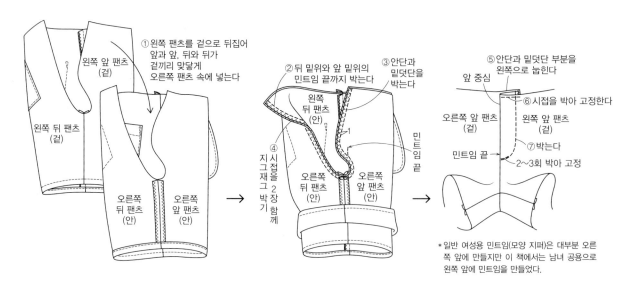

①왼쪽 팬츠를 겉으로 뒤집어 앞과 앞, 뒤와 뒤가 겉끼리 맞닿게 오른쪽 팬츠 속에 넣는다

왼쪽 앞 팬츠 (겉)

왼쪽 뒤 팬츠 (겉)

오른쪽 뒤 팬츠 (안)

오른쪽 앞 팬츠 (안)

②뒤 밑위와 앞 밑위의 민트임 끝까지 박는다

③안단과 밑덧단을 박는다

왼쪽 뒤 팬츠 (안)

④시접을 지그재그 2장 박기 함께

오른쪽 뒤 팬츠 (안)

오른쪽 앞 팬츠 (안)

민트임 끝

⑤안단과 밑덧단 부분을 왼쪽으로 눕힌다

앞 중심

⑥시접을 박아 고정한다

오른쪽 앞 팬츠 (겉)

왼쪽 앞 팬츠 (겉)

민트임 끝

⑦박는다

2~3회 박아 고정

* 일반 여성용 민트임(모양 지퍼)은 대부분 오른쪽 앞에 만들지만 이 책에서는 남녀 공용으로 왼쪽 앞에 민트임을 만들었다.

⑦벨트의 앞 중심을 박는다

벨트(안)

1

겉끼리 맞닿게 접어 앞 중심을 박고 시접을 가른다

B-2의 경우

겉 벨트

팬츠 (겉)

그 외의 경우

겉 벨트

팬츠 (겉)

⑧벨트를 팬츠에 달고 고무줄을 끼운다

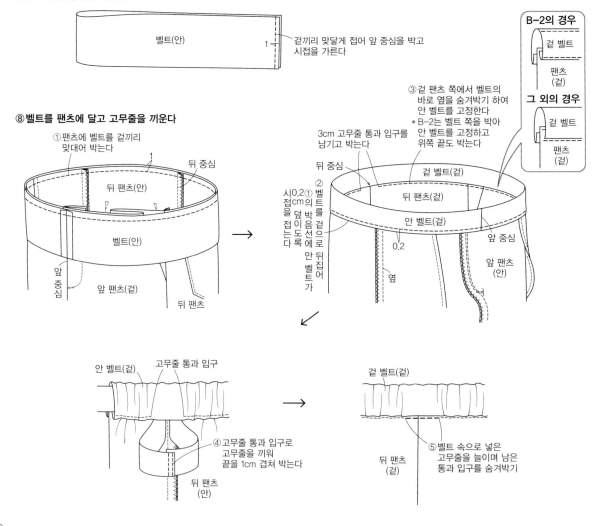

①팬츠에 벨트를 겉끼리 맞대어 박는다

1

뒤 중심

뒤 팬츠(안)

벨트(안)

앞 중심

앞 팬츠(겉)

뒤 팬츠

③겉 팬츠 쪽에서 벨트의 바로 옆을 숨겨박기 하여 안 벨트를 고정한다
* B-2는 벨트 쪽을 박아 안 벨트를 고정하고 위쪽 끝도 박는다

3cm 고무줄 통과 입구를 남기고 박는다

뒤 중심

겉 벨트(겉)

뒤 팬츠(겉)

안 벨트(겉)

앞 중심

0.2

②벨트를 겉으로 뒤집어 안 벨트가 뒤박음선에 덮이도록

시접 0.2cm을 접는다

옆

앞 팬츠 (안)

안 벨트(겉)

고무줄 통과 입구

④고무줄 통과 입구로 고무줄을 끼워 끝을 1cm 겹쳐 박는다

뒤 팬츠 (안)

겉 벨트(겉)

⑤벨트 속으로 넣은 고무줄을 늘이며 남은 통과 입구를 숨겨박기

뒤 팬츠 (겉)

D-3 카고 하프 팬츠

--> p.47

●필요한 옷본(실물 대형 옷본 D, B면)
D면…앞 팬츠, 뒤 팬츠, 벨트, 뒤 포켓
B면…옆 포켓, 옆 포켓 입구 천, 주머니, 주머니 안감

●재료(100／110／120／130／140 사이즈)
겉감(치노 스트레치) 140cm 폭 80cm／80cm／90cm／1m／1.1m
다른 천(코튼) 40×25cm
접착테이프(앞 포켓 입구 분량) 1.5cm 폭 30cm
고무줄 3cm 폭 46cm／50cm／54cm／58cm／62cm

●박기 전 준비
· 앞 포켓의 시접 안쪽에 접착테이프를 붙인다
· 밑아래의 시접을 천의 겉쪽에서 지그재그 박기 한다
· 밑단, 뒤 포켓 입구를 다리미로 2번 접는다

●박는 법
①뒤 포켓을 만들어 단다(→ p.59)
②앞 포켓을 만든다(→ p.87)
③옆을 박는다(→ p.87)
④옆 포켓을 만들어 단다(→ p.89)
⑤밑아래를 박는다(→ p.87)
⑥밑단을 2번 접어 박는다
⑦밑위를 앞뒤 이어 박고 밑트임을 만든다(→ p.88)
⑧벨트의 앞 중심을 박는다(→ p.88)
⑨벨트를 팬츠에 달고 고무줄을 끼운다(→ p.88)

●박는 순서

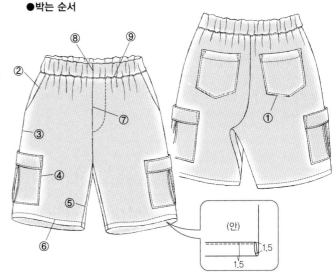

●재단 배치도

*지정된 시접 이외는 1cm
▨ 는 안쪽에 접착테이프를 붙인다

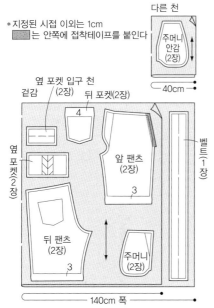

④옆 포켓을 만들어 단다

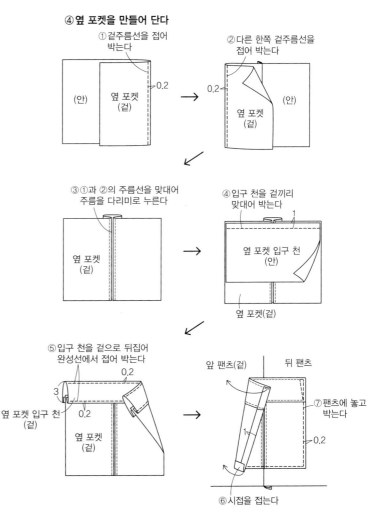

D-2   속바지가 달린 스커트

--> p.46

●필요한 옷본(실물 대형 옷본 D, A면)

D면…앞 팬츠, 뒤 팬츠, 앞뒤 벨트, 앞뒤 오버스커트
A면…주머니 안감

●재료(100／110／120／130／140 사이즈)

겉감(리넨) 110cm 폭 1.2m／1.3m／1.4m／1.5m／1.6m
다른 천(코튼) 40×25cm
접착테이프(오른쪽 앞 포켓 입구 분량) 1.5cm 폭 15cm
고무줄 3cm 폭 46cm／50cm／54cm／58cm／62cm

●박기 전 준비

· 오버스커트 오른쪽 앞 포켓의 시접 안쪽에
  접착테이프를 붙인다
· 옆, 밑위, 밑아래, 오버스커트 옆, 주머니 안감 옆의
  시접을 천의 겉쪽에서 지그재그 박기 한다
· 팬츠 밑단, 오버스커트 밑단, 뒤 포켓 입구를
  다리미로 2번 접는다

●박는 법

① 팬츠의 옆을 박고 시접은 가른다
② 밑아래를 박는다(→ p.87)
③ 밑단을 2번 접어 박는다
④ 밑위를 앞뒤 이어 박고 시접은 가른다
⑤ 오버스커트의 옆을 박고
  오른쪽 옆에 포켓을 만든다(→ p.83)
⑥ 오버스커트의 밑단을 2번 접어 박는다
⑦ 오버스커트에 개더를 잡아
  팬츠와 맞춘다(→ p.90)
⑧ 벨트의 옆을 박는다. 앞뒤 벨트를
  겉끼리 맞대어 박고 시접은 가른다
⑨ 벨트를 팬츠에 달고 고무줄을 끼운다(→ p.88)

●재단 배치도

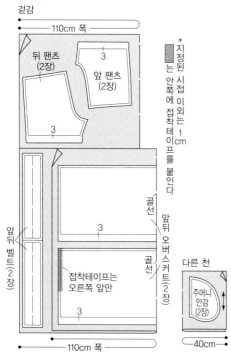

겉감

뒤 팬츠
(2장)

앞 팬츠
(2장)

3

3

앞뒤 벨트
(2장)

3

앞뒤 오버스커트
(2장)

골선

골선

접착테이프는
오른쪽 앞만

3

110cm 폭

다른 천

주머니
안감
(2장)

40cm

＊ 지정된 시접 이외는 1cm
안쪽에 접착테이프를 붙인다

●박는 순서

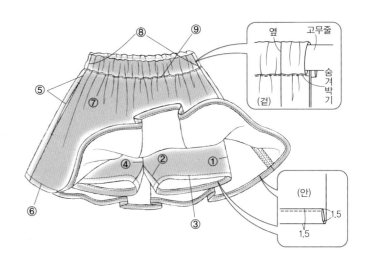

⑧ ⑨

⑤

⑦

④ ② ①

③

⑥

옆   고무줄

숨겨박기

(겉)

(안)

1.5

1.5

⑦오버스커트에 개더를 잡아 팬츠와 맞춘다

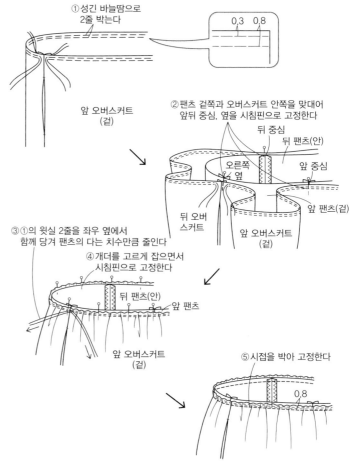

① 성긴 바늘땀으로
  2줄 박는다

0.3 0.8

앞 오버스커트
(겉)

② 팬츠 겉쪽과 오버스커트 안쪽을 맞대어
  앞뒤 중심, 옆을 시침핀으로 고정한다

뒤 중심
뒤 팬츠(안)
오른쪽 옆
앞 중심
뒤 오버스커트
앞 팬츠(겉)
앞 오버스커트
(겉)

③①의 윗실 2줄을 좌우 옆에서
  함께 당겨 팬츠의 다는 치수만큼 줄인다

④ 개더를 고르게 잡으면서
  시침핀으로 고정한다

뒤 팬츠(안)
앞 팬츠

앞 오버스커트
(겉)

⑤ 시접을 박아 고정한다

0.8

D-6 벨트 달린 쇼트 팬츠

-> p.52

●필요한 옷본(실물 대형 옷본 D, B면)
D면···앞 팬츠, 뒤 팬츠, 벨트, 뒤 포켓
B면···주머니, 주머니 안감

●재료(100／110／120／130／140 사이즈)
겉감(코듀로이) 105cm 폭 80cm／90cm／90cm／1m／1.1m
다른 천(코튼) 40×25cm
접착테이프(앞 포켓 입구 분량) 1.5cm 폭 30cm
고무줄 3cm 폭 46cm／50cm／54cm／58cm／62cm
똑딱 버클 2cm 폭 테이프용 1쌍
테이프 2cm 폭 26cm

●박기 전 준비
· 앞 포켓의 시접 안쪽에 접착테이프를 붙인다
· 밑아래의 시접을 천의 겉쪽에서 지그재그 박기 한다
· 밑단, 뒤 포켓 입구를 다리로 2번 접는다

●박는 법
① 뒤 포켓을 만들어 단다(→ p.59)
② 앞 포켓을 만든다(→ p.87)
③ 옆을 박는다(→ p.87)
④ 밑아래를 박는다(→ p.87)
⑤ 밑단을 2번 접어 박는다
⑥ 밑위를 앞뒤 이어 박고 민트임을 만든다(→ p.88)
⑦ 벨트의 앞 중심을 박는다(→ p.88)
⑧ 벨트를 팬츠에 달고 고무줄을 끼운다(→ p.88)
⑨ 똑딱 버클을 단다(→ p.91)

●박는 순서

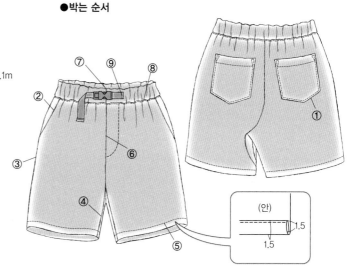

●재단 배치도

다른 천

＊지정된 시접 이외는 1cm
[ ]는 안쪽에 접착테이프를
붙인다

주머니
안감
(2장)

40cm

겉감

뒤
포켓
(2장)

4

앞 팬츠
(2장)

3

털
방향

벨트
(1장)

주머니
(2장)

뒤 팬츠
(2장)

3

105cm 폭

⑨똑딱 버클을 단다

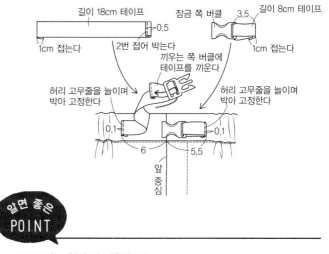

길이 18cm 테이프

0.5

1cm 접는다

2번 접어 박는다

잠금 쪽 버클

3.5

길이 8cm 테이프

1cm 접는다

끼우는 쪽 버클에
테이프를 끼운다

허리 고무줄을 늘이며
박아 고정한다

허리 고무줄을 늘이며
박아 고정한다

0.1

0.1

6

5.5

앞
중
심

알면 좋은 POINT

코듀로이는 천의 털 방향을 체크

털이 있는 코듀로이는 보는 방향에 따라 깊은 색조(털 방향 반대)나 하얀 색조(털 방향)를 띤다. 자르기 전에 천의 겉쪽을 세로 방향으로 위아래를 쓸어보거나 옷걸이에 천을 걸어서 색조를 체크한다. 나중에 헷갈리지 않도록 천 안쪽에 초크펜으로 털 방향의 화살표를 그려두면 편하다. 일반적으로는 짙은 색조 쪽으로 천을 놓고 각 옷본의 식서 방향을 한 방향으로 맞추어 배치한다.

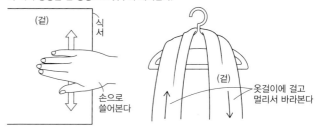

(겉)

식서

손으로
쓸어본다

(겉)

옷걸이에 걸고
멀리서 바라본다

D-5 살로페트 팬츠

--> p.50

●**필요한 옷본(실물 대형 옷본 D, B면)**
D면…앞 팬츠, 뒤 팬츠, 앞뒤 벨트, 가슴받이, 멜빵, 뒤 포켓
B면…주머니, 주머니 안감

●**재료(100／110／120／130／140 사이즈)**
겉감(리넨) 110cm 폭 1.3m／1.4m／1.5m／1.6m／1.7m
다른 천(코튼) 40×25cm
접착테이프(앞 포켓 입구 분량) 1.5cm 폭 30cm
고무줄 3cm 폭 46cm／50cm／54cm／58cm／62cm
단추 지름 1.5cm 2개
둥근 고무줄 6cm

●**팬츠 옷본 절개 방법과 배치법**
앞, 뒤 옷본의 절개선을 잘라 천 위에 지정된 치수만큼 평행으로
벌려서 놓는다. 벌어진 부분의 선은 이어둔다. 뒤 포켓 위치는 새
로 정한다.

●**박기 전 준비**
• 앞 포켓의 시접 안쪽에 접착테이프를 붙인다
• 밑아래의 시접을 천의 겉쪽에서 지그재그 박기 한다
• 밑단, 뒤 포켓 입구를 다리미로 2번 접는다

●**박는 법**
① 뒤 포켓을 만들어 단다(→ p.59)
② 앞 포켓을 만든다(→ p.87)
③ 옆을 박는다(→ p.87)
④ 밑아래를 박는다(→ p.87)
⑤ 밑단을 2번 접어 박는다
⑥ 밑위를 앞뒤 이어 박고 민트임을 만든다(→ p.88)
⑦ 멜빵을 만든다(→ p.93)
⑧ 가슴받이를 만들어 멜빵을 단다(→ p.93)
⑨ 벨트의 뒤 중심을 박는다(→ p.93)
⑩ 가슴받이를 벨트에 단다(→ p.93)
⑪ 벨트를 팬츠에 달고 둥근 고무줄을 단 뒤
　 고무줄을 끼운다(→ p.94)
⑫ 단추를 단다(→ p.94)

●**재단 배치도**
＊지정된 시접 이외는 1cm
▨는 안쪽에 접착테이프를 붙인다

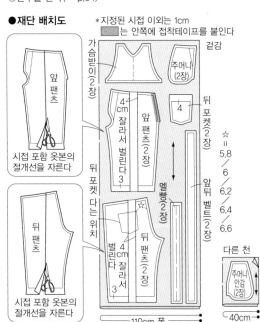

●**박는 순서**

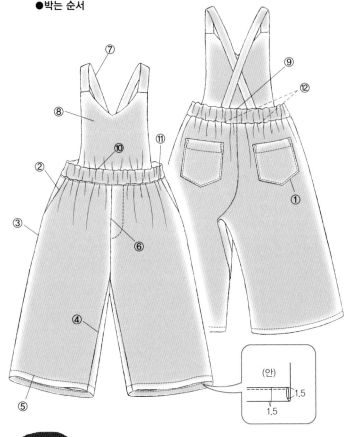

(안)
1.5
1.5

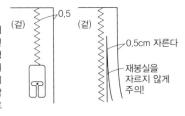

알면 좋은 POINT

천의 끝마무리

박는 법 과정에 자주 등장하는 '지그재그 박기'는 지그재그 재봉 또는 재봉틀의
감침 재봉으로 마무리하는 것을 말한다. 두 가지 모두 재단 끝이 풀리지 않도록
처리하는 방법이다.

지그재그 재봉

일반 노루발로 진행하는 지그재
그 재봉은 재단 끝을 박으면 천
끝이 말려 들어가기 때문에 지정
된 시접(재단 배치도의 시접 치
수)보다 0.5cm 더 잘라 천 끝에
서 0.5cm 안쪽을 지그재기로 박
는다. 여분의 시접은 박은 바로
옆을 가위로 자른다.

(겉)　0.5
(겉)
0.5cm 자른다
재봉실을
자르지 않게
주의!

감침 재봉

감침 재봉 전용 노루발로 지그재
그 재봉을 하는 방법이다. 재단 끝 바
로 옆에 바늘을 떨어뜨려도 천 끝
이 말려 들어가지 않아 재단 끝을
직접 마무리할 수 있다.

(겉)
전용
노루발
좌우 진폭의
오른쪽 끝은
재단 끝에 맞추고,
재봉 바늘이 바로 옆에
떨어지도록 박는다

⑦ 멜빵을 만든다

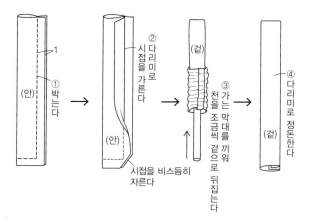

① 박는다
1
(안)

② 시접을 다리미로 가른다
(안)
시접을 비스듬히 자른다

③ 가는 막대를 끼워 천을 조금씩 겉으로 뒤집는다
(겉)

④ 다리미로 정돈한다
(겉)

⑧ 가슴받이를 만들어 멜빵을 단다

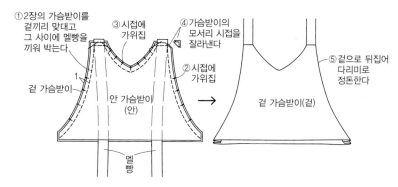

① 2장의 가슴받이를 겉끼리 맞대고 그 사이에 멜빵을 끼워 박는다
③ 시접에 가위집
④ 가슴받이의 모서리 시접을 잘라낸다
겉 가슴받이
1
② 시접에 가위집
안 가슴받이 (안)
멜빵

⑤ 겉으로 뒤집어 다리미로 정돈한다
겉 가슴받이(겉)

⑨ 벨트의 뒤 중심을 박는다

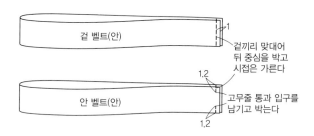

겉 벨트(안)
1
겉끼리 맞대어 뒤 중심을 박고 시접은 가른다

안 벨트(안)
1.2
고무줄 통과 입구를 남기고 박는다
1.2

⑩ 가슴받이를 벨트에 단다

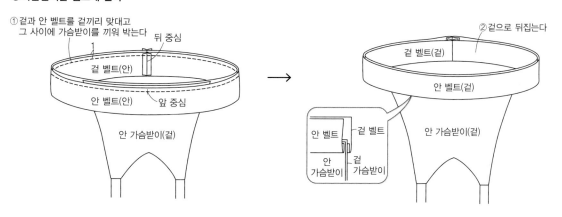

① 겉과 안 벨트를 겉끼리 맞대고 그 사이에 가슴받이를 끼워 박는다
1
뒤 중심
겉 벨트(안)
안 벨트(안)
앞 중심
안 가슴받이(겉)

② 겉으로 뒤집는다
겉 벨트(겉)
안 벨트(겉)
안 가슴받이(겉)

안 벨트 / 겉 벨트
안 가슴받이 / 겉 가슴받이

93

⑪벨트를 팬츠에 달고 둥근 고무줄을 단 뒤 고무줄을 끼운다

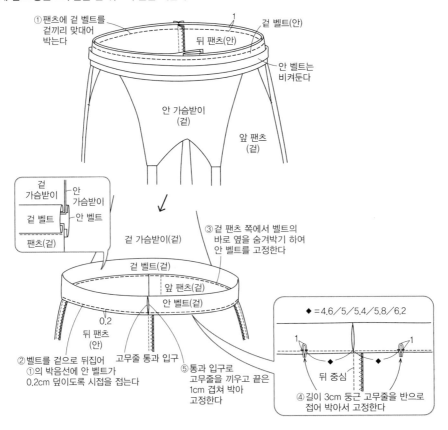

①팬츠에 겉 벨트를
겉끼리 맞대어
박는다

1

겉 벨트(안)

뒤 팬츠(안)

안 벨트는
비켜둔다

안 가슴받이
(겉)

앞 팬츠
(겉)

겉
가슴받이
안
가슴받이
겉 벨트
안 벨트
팬츠(겉)

겉 가슴받이(겉)

③겉 팬츠 쪽에서 벨트의
바로 옆을 숨겨박기 하여
안 벨트를 고정한다

겉 벨트(겉)

앞 팬츠(겉)

안 벨트(겉)

0.2

뒤 팬츠
(안)

②벨트를 겉으로 뒤집어
①의 박음선에 안 벨트가
0.2cm 덮이도록 시접을 접는다

고무줄 통과 입구

⑤통과 입구로
고무줄을 끼우고 끝은
1cm 겹쳐 박아
고정한다

◆ = 4,6／5／5,4／5,8／6,2

1

1

뒤 중심

④길이 3cm 둥근 고무줄을 반으로
접어 박아서 고정한다

⑫단추를 단다

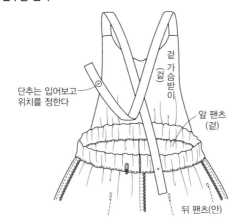

단추는 입어보고
위치를 정한다

겉
가슴
받이
(겉)

앞 팬츠
(겉)

뒤 팬츠(안)

단춧구멍 위치와 크기 결정하는 법

일반 여성용 단춧구멍은 대부분 오른쪽 앞에 만들지만
이 책에서는 여자아이와 남자아이가 함께 입을 수 있도
록 왼쪽 앞에 단춧구멍을 만들었다.
실물 대형 옷본의 몸판과 칼라 밴드, 덧단의 앞 중심선
위에는 '+'로 단추 위치만 표시되어 있다. 왼쪽 앞의 단
춧구멍은 이 단추 위치에 단추 크기를 계산하여 나온 치
수로 표시한다.

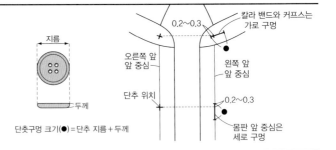

지름

두께

단춧구멍 크기(●)=단추 지름＋두께

0,2~0,3

칼라 밴드와 커프스는
가로 구멍

오른쪽 앞
앞 중심

왼쪽 앞
앞 중심

단추 위치

0,2~0,3

몸판 앞 중심은
세로 구멍

Stylist Sato Kana ga Tsukuru Otokonoko nimo Onnanoko nimo Kisetai Fuku
Copyright ⓒ 2017 by Kana Yamagiwa
First published in Japan in 2017 by EDUCATIONAL FOUNDATION
BUNKA GAKUEN BUNKA PUBLISHING BUREAU, Tokyo
Korean translation rights arranged with EDUCATIONAL FOUNDATION
BUNKA GAKUEN BUNKA PUBLISHING BUREAU
through Japan Foreign-Rights Centre/ Shinwon Agency Co.

이 책의 한국어판 저작권은 신원에이전시를 통한
EDUCATIONAL FOUNDATION BUNKA GAKUEN BUNKA PUBLISHING BUREAU와의
독점 계약으로 도서출판 이아소에 있습니다.
저작권법에 의해 한국 내에서 보호받는 저작물이므로 무단 전재와 무단 복제를 금합니다.

북 디자인	Yurie Ishida(ME & MIRACO)
촬영(인물)	Yusuke Moriwaki
촬영(제품)	Yumiko Yokota(Studio Banban)
스타일링	Kana Sato
헤어 & 메이크업	Tomoko Takano
모델	Vivienne Dinter, Tim De Winter(Awesome)
옷본 제작	Noriyuki Tsuchiya(andline)
제작 협력	Kumiko Kurokawa
만드는 법 설명	Noriko Yamamura
트레이스	Day Studio Satomi Dairaku
옷본 그레이딩	Kazuhiro Ueno
옷본 트레이스	AZ-1(Fumiko Shirai)
DTP 오퍼레이션	Bunka Fototype
교열	Masako Mukai
편집	Ryoko Shigemori
	Yoko Osawa(BUNKA PUBLISHING BUREAU)
일본어판 발행인	Sunao Onuma

스타일리스트 사토 카나의

남자아이, 여자아이에게 입히고 싶은 옷

초판 1쇄 발행 2019년 3월 20일
초판 2쇄 발행 2022년 1월 10일

지은이 사토 카나
옮긴이 황선영
감 수 문수연
펴낸이 명혜정
펴낸곳 도서출판 이아소
디자인 황경성

등록번호 제311-2004-00014호
등록일자 2004년 4월 22일
주소 04002 서울시 마포구 월드컵북로5나길 18 1012호
전화 (02)337-0446 **팩스** (02)337-0402

책값은 뒤표지에 있습니다.
ISBN 979-11-87113-27-0 13590

도서출판 이아소는 독자 여러분의 의견을 소중하게 생각합니다.
E-mail: iasobook@gmail.com

이 도서의 국립중앙도서관 출판예정도서목록(CIP)은 서지정보유통지원시스템
홈페이지(seoji.nl.go.kr)와 국가자료공동목록시스템(nl.go.kr/kolisnet)에서
이용하실 수 있습니다. (CIP제어번호 : CIP2019008166)